主办单位：宝佳集团中国建筑传媒中心·天津大学建筑规划设计研究院·北京大学城市规划与发展研究所

# 建筑评论

# Architectural Reviews

# 5

天津大学出版社
TIANJIN UNIVERSITY PRESS

图书在版编目（CIP）数据

建筑评论 . 5 / 金磊主编 .— 天津：天津大学出版社，2013.10
ISBN 978-7-5618-4820-3

Ⅰ . ①建 … Ⅱ . ①金 … Ⅲ . ①建筑艺术 — 艺术评论 — 世界 Ⅳ . ① TU-861

中国版本图书馆 CIP 数据核字（2013）第 243060 号

策划编辑 金 磊 韩振平
责任编辑 韩振平
装帧设计 安 毅

出版发行 天津大学出版社
出 版 人 杨欢
地 址 天津市卫津路 92 号天津大学内（邮编：300072）
电 话 发行部：022-27403647
网 址 publish.tju.edu.cn
印 刷 北京华联印刷有限公司
经 销 全国各地新华书店
开 本 149 ㎜ ×229 ㎜
印 张 10
字 数 170 千
版 次 2013 年 10 月第 1 版
印 次 2013 年 10 月第 1 次
定 价 16.00 元

# 目录

# 目 录



本辑截稿时间 2013 年 9 月 23 日

# Contents

茶座

# 跨界对话：文化城市 + 设计遗产

**编者按：** 为促进中国建筑文化遗产保护事业的可持续发展，并创造“多界共生”的局面，“跨界对话：文化城市 + 设计遗产”论坛于 2013 年 3 月 23 日在故宫敬胜斋举办。与会的六位来自国内文博、建筑、创意设计界的顶级专家围绕文化城市与设计遗产的跨界研究与传播的主题进行了学术演讲，并回答了与会专家的提问。

以下刊登与会者的主要发言内容以及嘉宾的问答内容。

根据录音整理，未经本人审阅。

**高志（主持词）：** 此次活动的举办基于很多思考，其中最重要的是做学科建筑文化交流的跨界与沟通。这样做的好处在于它杜绝了本领域单一交流的方式，克服了自论“家门”的弊端。领域间的互动启发着新的视野，大凡学界名流与设计大师，其学问之精、视野之宽、阅历之广、修养之高都离不开跨界与交叉的功劳。在兼容并包与学术自由的氛围下，足以培养出傲视全球之精英。文化跨界也即“杂交”，它是文化发展之要旨，两院院士吴良镛教授的《广义建筑学》是“跨界”理论最充分的当代经典建筑观；2011 年时任国家文物局局长的单霁翔博士向全国政协提交的“关于将文化遗产保护领域作为促进学科交叉与融合试点的提案”就同时强调了三方面“跨界”，即基础研究与应用技术、高新技术与传统工艺、学科交叉和技术集成互补。本论坛之所以聚集多学科交叉的文化研究与碰撞，不仅益于“溯古”，更可服务于当代，它满足城市化及中国建筑文化再发展传承与创意的社会需求。为此，我们期望通过建筑、文博、设计诸领域的建筑文化交流达到如下目标：

单霁翔　马国馨　徐宗威　崔愷　杭间

高志　胡越　贾伟　段喜臣　金磊

杨欢　路红　吕舟　屈培青　吴涛

陈伯超　张宇　郭卫兵　张玉坤　戴俭

刘临安　傅绍辉　王军　吴晨

· 用交叉学科之思，靠跨文化的融合，共同打造服务“文化城市 + 设计遗产”的中国新发展模式；

· 用建筑遗产的文化新坐标，研讨遗产保护与创意设计联姻发展的规划设计思路及前瞻性观点；

· 用沟通、借鉴、转型、升华的方式，进一步创新“文化城市 + 设计遗产”

理念，让创意文化在业界及全民意识中奔流，更从根本上提升中国建筑文化在国内外传播的影响力。

（宝佳集团驻华首席代表）

**金磊：**如何用“皮书”的形式记载并书写建筑文化遗产保护与利用的“中国经验”，是《中国建筑文化遗产》杂志自 2011 年 7 月创办时就全力实践的事，而今日发布的《中国建筑文化遗产年度报告（2002—2012）》一书则是近两年来实践所产生的丰硕成果。这本书的意义不单在于它是一部有思想深度、有文献性及学术价值的行业指导书，更因为它是向社会展示建筑文化软实力、传承文化新视野的学习读本。

这本书的核心词汇在于跨界、文化城市、批评和思想，分六大章节将近百位建筑、城市、文博界学者跨界交流与思想整合的研究精华凝聚在一起，跳出“就保护论保护”的狭窄圈子，将建筑文化遗产置于中国城市现代化发展大环境的需求中去审视。其中强调了中国建筑遗产保护与城市发展中的反思和问题，充分具有可研读性和可借鉴性。

十年的时间，中国在建筑文化遗产的学术理念、学科建设、综合管理、传播普及、田野调研考察等方面成果丰硕，但仍然需要面对缺乏 NGO 组织以及国家制度的困境。城镇化的号角骤然吹起，也为我们的事业拉响警报。或许很多与我们一起并肩奋战的人现在已经不在了，但是他们的事迹和思想却被我们记录了下来。作为出版人和媒体人，希望以此书来铭记中国在文化遗产事业极具挑战、科学发展、成果丰硕、理念进步的十年。

（《中国建筑文化遗产》总编辑）

**杨欢：**文化强则国强，文化雄于世界则国雄于世界。在中国几千年灿烂的文化历史进程当中，建筑既作为文化的载体，也是一个民族存在的足迹。这些年来随着国家经济和社会的发展，国家各个政府阶层和社会阶层，对文化保护越发地重视。人们也越来越多地认识到了对于中国建筑文化遗产的保护与利用的重要意义。

天津大学出版社多年来致力于出版建筑类图书，自 2006 年以来逐渐开始挖掘出版文化遗产类书籍，现在也已经成长为中国建筑文化遗产保护和研究的重要平台。以此为基础，2012 年 5 月，天津大学出版社“中国建筑文化遗产数字资源服务平台”成功入选国家新闻出版改革项目，同年 12 月该项目被国家财政部批准成为 2012 年度产业专项资金的重点资助项目。该项目是天大出版社在建筑文化领域的数字出版的探索与实践，是全国首个在该领域获得国家认可的数字出版项目。这个项目是我们和《中国建筑文化遗产》杂志社共同创造的，是结合现代高科技数字手段以收集、整理、共享中国建筑文化遗产资源。

这个项目的推出，对中国建筑文化遗产保护、中国建筑文化的弘扬、文化安全的维护，中国建筑文化的学术研究与服务、中国建筑文化业内外的宣传与普及、整个中国建筑文化走出去的问题将起到比较重要的作用。届时，书、刊、网这三个不同时代产生的平台将会逐渐融为一体，最终形成产业化的服务平台，这是我们对这一事业的理想。

（天津大学出版社社长）

**单霁翔：**中国加入世界遗产公约比较晚，是 1985 年加入的，1987 年才有第一批世界遗产。从有第一批世界遗产到今天，整整 1/4 个世纪过去了，回想这 1/4 个世纪我们究竟从世界遗产保护中受到哪些启发？对于我们原有的文物保护的框架政策以及实施方法有哪些新的经验？我想可能在四个方面受的启发比较大。

第一个是来自于泰山申遗成功的体会。泰山最初申报的项目是自然遗产，但世界遗产专家来考察的时候认为它不仅是一个自然遗产，同时还具有文化内涵，应该是一个独特的文化与自然共同创造的遗产。所以联合国世界遗产中心建议，在原有的自然遗产和文化遗产之外，再设立一个新的种类，叫文化与自然混合遗产。从这个遗产开始，中国的一系列山脉和它们的文化价值共同得到了呈现，得到了整体的保留。

第二个启发是丽江和平遥古城申遗成功。我国在 1982 年设立了历史文化名城制度，但长期以来制度并不完善，没有把文物本体和环境统一作为保护的对象，而是作为控制的对象看待。所以我们虽然有一百多座历史文化名城，但是很多今天都沦为了平庸的城市。丽江与平遥在世界遗产的框架下进行持续的监测，作为一个整体保护的目标，使之后我们对历史城区的保护受到了很多启发。

第三个启发就是考古遗址。对大型考古遗产进行整体保护，使它能够像公园一样美丽，能够变成一个城市里的开放区域。2003 年高句丽遗址实施整体的保护行动以后，仅一年之后即被列入世界遗产名录，给我们带来很多启发，就是这些大遗址要如何通过考古遗址公园的形式来呈现它的面貌以及文化底蕴和内涵。

第四个启发就是文化景观，这也是近些年来最热的。五台山在山西也是作为双遗产申遗的，但是其自然遗产部分申遗没有成功，而文化遗产经过专家建议，应该属于文化景观范畴。所谓文化景观是指，它不是从个体或者局部来看，而是从整体来审视它的建筑与环境并列入保护。那么历史城市中心的整体保护，大遗址保护和文化景观的保护，我认为这些是对于传统的文物保护制度方面的一个补充，也就是文化线路。因为在2014年，大运河和丝绸之路两项大规模的文化线路将申遗成功，那么它会带动我们在文化线路上对于文物的认识，这将是一个提升。

世界文化遗产已经占据了我国文化遗产保护的半壁江山，对它的深入研究究竟对城市建设起到了哪些作用，是一个亟待深入研究的领域。比如澳门历史城区，长期以来人们仅仅把澳门看作一个古城，澳门深入地挖掘自己的城市文化内涵，把二十多组近代建筑群和十多个广场串联成一个区域，呈现出一个整体的面貌，最后申遗成功了。这对于我们的历史城区，对城市的一些包括近现代建筑如何在今天的城市文化生活中得以进一步呈现其价值和魅力，给予了很多的启发。

这其中也包括殷墟。殷墟经过八十年的考古挖掘，每次考古挖掘之后都进行传统的回填，八十年来文物取走了，这片区域始终还是农田和村落。人们看不到这片有意义的中国甲骨文故乡、出土大量青铜器地点的文化面貌。而后通过这样一个考古公园的建设和三十多种保护古遗址的办法的实施，使得一个气势磅礴的、令人流连忘返的遗址公园得到呈现。然后，第二年申请成为世界遗产，取得了成功。这同样对于我们如何建设考古遗址公园有很大的启发。

再说到西湖，西湖申遗的成功可以说是非常艰难的。西湖十年申遗路，凝聚了城市的文化力量。杭州的房价一度超过“北上广”达到全国最高，那么西湖沿岸一定是房地产业非常青睐的地区。但是由于申遗成为城市整体的长期文化目标，所以十年间包括西湖临山的三面，而不仅仅是临城沿岸，竟然没有一座新的建筑能够破坏西湖的文化景观，看不到任何一栋八十年代以后的新建筑。这就使其三面临山一面城的传统文化景观得到了保护，在一个大城市的中心地区，如何申报世界遗产，如何保护世界遗产，这个课题概念很大。杭州的经济和社会发展也没有受到影响，坚决地从西湖时代走向钱塘江时代，他们在钱塘江两岸气势磅礴地建设新的城市，实现了我们梦寐以求的跳出老城，建设新城的目标。这个过程是非常令人震撼的。

还有一个案例就是大明宫，大明宫是盛唐时期昌盛的 220 年中的政治文化中心，但是唐朝过后城市也被毁掉了。20 世纪三十年代末四十年代初，随着当地的建设，随着老百姓生活的贫困加剧，大量的人口往西边逃荒要饭，在西安城下一些人打井造田、搭棚建屋，所在地就是大明宫遗址。大明宫遗址比故宫大四倍，有 3.2 平方公里，当时上面布满了一共 350 万平方米的建筑，其中有 150 万平方米的城中村，100 万平方米的棚户，有一个 60 万平方米的巨大建材市场，还有 87 个企事业单位，一共 40 万平方米，这些建筑密密实实地压在上面。遗址没有尊严，老百姓的生活也没有尊严，几十户使用一个水龙头和一个公厕。后来由于采取考古遗址公园的建设方式，一年间使十万老百姓搬离了遗址区，在附近得到了安置，也使得一个气势磅礴的遗址公园得以呈现。在这个过程中，确实产生了很多的分歧，但是遗址得到了长治久安的保护。对于城市，不是为了考古却把它作为考古用地，为城市提供了考古遗址公园，为城市带来非同凡响的城市面貌，促进周围地区和谐发展，特别是给十万老百姓改善了生活，这五个方面的影响我认为是无可置疑的，它引领了我们大遗址保护的方向。所以从那时开始到现在，一百五十个大遗址在我们国家各个城市进行建设。

2012 年我提了一个政协提案，就是希望北京中轴线申遗。我想起了西湖，西湖是十年申遗路保护了一个文化景观，那么北京今天的中轴线——世界上最壮美的一条传统城市轴线，应该经过一个这样的长时期的坚守来获得保护。在这方面北京市的行动也很快，也有很多积极的准备，北京历史城区壮美的轴线，应该成为北京人民的骄傲。当然今天还有很多问题，包括环境问题，包括周围城市建设的问题，比如人满为患的问题等等，都需要我们去克服。

（故宫博物院院长）

**路红：**天津现在没有世界遗产，但是有一批文物建筑。经过这几年的保护，有了五大道，还有了独乐寺，有中国传统的历史文化遗产，也有非常丰富的中西合璧的文化遗产。我想向单院长提一个问题：现在国家在应对近现代建筑遗产保护这一块，还有一定的欠缺，虽然天津在去年召开了二十世纪建筑遗产保护的论坛，但无论是设计界本身还是我们都对于二十世纪的遗产缺少关注。文化部、国家文物局、文物学会和建筑学会等是否应该跨界联合起来，对近现代遗产保护提出一个行动纲领？

（天津历史风貌专家咨询委员会主任）

**单霁翔：**在上次全国政协会议上，我提出了关于二十世纪遗产保护的提案。二十世纪还没有离我们远去，都是我们熟悉的环境、熟悉的事物，所以人们不认为它们是需要保护的。很多建筑被非常遗憾地拆掉了，比如儿童医院、华侨大厦等，所以建议建设部对二十世纪遗产保护实行名录制度。就是把需要保护的项目，像我们过去列文物保护单位名单一样，系统地、一批一批地公布。另一个提案是关于当代建筑的评估问题。建筑的保留或是处置，应该由建筑师和我们遗产部门给予一个文化评估，这样才有利于理性地做出决定。

**吕舟：**自 2002 年高句丽遗址项目开始，国家投入了大量的力量，世界遗产组织给我们的整体保护打开了一扇新的窗户，让我们重新去思考一些问题，让我们重新去认识遗产的性质。今天我们又面临着一个新的发展机遇，那就是城镇化。在这个时候我想听听单院长对于乡土遗产保护的意见，因为恐怕它们将面临一个极大的挑战。

（清华大学国家遗产中心主任）

**单霁翔：**长期以来我们对于静态遗产给予了更多的关注，这里面就包括了古遗址和古墓葬，还有万里长城这些失去原初功能，今天作为旅游景点的设施。而对于民间文化遗产，特别是乡土建筑关注不足。一直到今天，对私人居住的，或者是企业、单位所有的传统建筑，国家能否给予补贴，这样的一个制度至今还有在争论，所以这些都不利于乡土建筑的保护。

另一方面，我们国家有 56 个民族，有南北东西气候条件和环境都迥异的乡土建筑。从福建的土楼到陕北的窑洞，到北京的四合院，保护的形态和方法都截然不同，所以对于传统乡土建筑的保护的研究是相当不够的。我现在得到的很好的消息就是：建设部和国家文物局联手，开始将一些村落列入名单加强保护，我觉得这是一次革命性的变化。

**屈培青：**文物界和建筑界一直在对话，讨论保护和利用之间的这个度应该如何把握。我做项目设计的时候遇到了一个困惑，就是西安唐城墙遗址的保护规划。唐城的南城墙上有一个新开门，我们想把这个新开门进行恢复，而且考证发现这个位置底下也有遗址，这个文物的审批方面应如何进行？利用和保护之间的尺度如何把握？

（中国建筑西北设计研究院有限公司总建筑师）

**单霁翔：**您说的具体案例我不敢分析，但是我一直认为，我们长期以来在一个争论中没有跳出来，这个争论就是保护和利用。是保护重要，还是利用重要？长期以来有些媒体甚至把学者分成两派，一派是倡导保的，一派是倡导用的。我觉得保护也不是目的，利用也不是目的，真正的目的是传承，我觉得这将是我们保护理念的一个进步。对待任何一项保护工程，大到历史城市、历史街区，小到一个文物建筑、器物，最大限度地保留它各个时代的有价值的历史信息，我认为是最重要的。而不是说要整齐划一地，一定要恢复到一个时代，这些都是极端和片面的。使遗产的各时代的历史信息叠加得越长久，我认为价值越高，而不是把它统一恢复到它出土时候的面貌。也就是说对任何一个保护对象都没有放之四海而皆准的方案，都一定要结合这栋建筑、这个器物来制定专门的勘察设计报告和实施方案，最大限度地保留它所承载的所有重要的历史信息，并把它延续下去，这才是目的。

**吴涛：**重庆作为国家第二批历史文化名城，积淀了非常丰富的历史文化。重庆的近现代建筑文化遗产非常丰富。那对于重庆而言，近现代建筑再利用和遗产保护的思路和路径是什么，想听听单院长的观点。

（重庆市文物局副总工程师）

**单霁翔：**重庆是一个文物大市，在第三次国家文物普查中，北京、天津、上海的文物数量加在一起，只有重庆的一半。重庆的文化遗产有性格，其中有大量的巴蜀文化的东西，也有长江三峡沿线的一些东西。单就近现代建筑而论，我认为它的保护重点应该是“我有他无”，关注那些填补我们近现代空白的建筑，比如战时作为民国政府首都的民国建筑，因为这些建筑书写了中国近代史独特的一章。

第二点我认为重庆的战时工业遗产和“一五”时期的工业遗产资源相当丰富。工业遗产的普查，虽然重庆政协做了些工作，但我觉得那是形式上的呼吁。实质上建筑界和文物界应该联手对重庆的工业遗产进行普查。

**徐宗威：**党的十八大提出新型城镇化的战略任务，最近闭幕的全国两会也对新型城镇化提出了很多意见。李克强总理在答记者问的时候也对新型城镇化做了阐述，这些都需要我们认真学习、领会和贯彻。新型城镇化，

“新型”新在哪里？我体会主要表现在五个方面。

第一，城市定位要新，不是为了城镇化而城镇化，而是要“以人为本”建设城镇。事实上我们的很多城市为人的考虑和安排是不够的。人的需要是多方面的，在健康、精神层面有更多更本质的需要。城市既要有物质设施，也要有丰富的、浓郁的文化。不管一个城市的定位是什么，最核心的定位还是“以人为本”。

第二，城市形态要新，不是一味发展大城市，而是大中小城市协调发展。30 年前，很多专家学者就提出不能学东京，因为城市太大了会导致交通拥堵、污染、噪声等无数问题。但我们发展的速度太快了，一不留神还是把城市摊成了大饼。新型城镇化，应该注重大中小城市的协调发展。中国的中小城市有很大的优势，生活方便、交通便捷、青山绿水、空气清新，但盲目做大，优势丧失殆尽。全国有 4 万多个乡镇，其中建制镇 2 万个，一个乡镇 3 万人口，充分考虑人的感受，创造宜居的生活环境，可以建成十分美丽的小镇。

第三，城市功能要新，不是一切为经济功能让路，而是更多地满足生活功能的需要。城市有几千年的历史了。城市功能一直在不断地发展，从最初的贸易、政治功能，到军事、生产功能，再到现代的科技、金融、物流等功能，但城市有一个基本功能是始终没有变的，那就是生活功能。城市的生活功能是第一位的，城市要满足人在生活多方面的需要。

第四，城市机制要新，不是想建多大就建多大，而是充分考虑生态容量和生态环境。城市人口越来越多，规模越来越大，主要是市场机制在发挥作用，房子越建越高，建筑密度越来越大，资本使然，只有高了，更密了，资本才能获取更大的利益。但由于城市规模过大，大量开采地下水以解决用水需要，对生态环境构成威胁，还带来交通拥堵、空气污染、紧张压抑等一系列问题。新型城镇化，机制要新，要发挥市场机制的作用和市场力量的作用。

第五，城市文化要新，不是大拆大建，而是尊重历史、尊重文化。要充分保护城市文化，使人感受浓厚的、精彩的文化氛围。文化是一种积淀、是一种传承，但文化又是与时俱进的，要有时代的特征、时代的风貌。文化城市从时间上说，就是这个城市要有历史、要有传统、要有传承、要有延续，要看到城市自始至终的过程。文化城市从空间上说，就是这个城市要生动、要丰富、要富有人性，能够感觉到祥和、幸福、精彩。

（中国建筑学会副理事长、秘书长）

**陈伯超**：之前我们说城市化，中国的城市化非常重要，因为中国不能永远走农业道路，而是要发展。城镇化对中国来说，应该是让更多的农民不脱离自己的土地，不要背井离乡地跑进大城市，从而避免人们所说的摊大饼，盲目城市扩大现象。中国农业人口基数庞大，如何让他们把自己的家乡发展起来，我觉得这是解决新型城镇化的最基本出发点，也是符合中国特点的方针政策。

（沈阳建筑大学教授、博士生导师）

**徐宗威**：十八大讲城市化应该不是第一次了，中国的城市化道路有别于其他国家的道路，基本点就在于我们叫城镇化。中国有那么多的乡镇应该发展起来，而避免过多人口集中在少数地域。所以尽可能地发展我们的中小城市和小城镇，是中国城镇化最具有自己标签的标志。所谓小城镇建设，实际上就是乡村城市化的一部分。乡村城市化我觉得就是把城市里面的物质文明和精神文明带到乡村去，让乡村也能享有城市的物质和精神文明，而不是简单地追求形式，在乡村盖起高楼大厦。

**张宇**：在一个多元化的时代，应该树立多元化的标准，更应该有我们主流文化的标准。那么建筑学会是否能够搭建一个建筑界与政府之间的桥梁，建立一套真正适合中国特色的规则，来发挥本土建筑师创作的优势呢?

（全国工程勘察设计大师，北京市建筑设计研究院有限公司副董事长）

**徐宗威**：这个问题的提出实际上是给中国建筑学会安排了一项工作。给中国的建筑师创造这样的工作环境，实质上是为了使建筑师不受开发商、投资商的干扰，能够独立自主地进行建筑创作，能够在这个过程中传承好中国的传统建筑文化，并在这个基础上做好创新和发展。我认为中国的建筑创作环境是比较开放和自由的，但建筑方案的决策阶段受到了许多不同意见的影响，如何能够尊重和保护建筑师的建筑创作而不被有关方面所左右才是一个更复杂的问题。

**崔愷**：第一个话题叫“文化城市”。文化城市是一个大家都能理解的概念，但是如何让城市有文化是今天政府在很多建设中希望做的一件事情。打造城市的文化品牌，创造城市特色，无疑是一个好事情，但实际上在这个过程当中，还存在一些比较具有普遍性的问题。

首先在城市发展当中，城市规划的模式没有顺应自然的特点，一般采用大流线、大广场和棋盘路网，这与历史上的城市空间格局是格格不入的。换句话说，这种规划方法，从一开始就把打造文化城市的目标逼到了比较尴尬的境地，因为规划本身就缺乏文化的思考。

第二点在于，对于城镇化建设带来的老城普遍大拆大改，当局者没有保护城市历史记忆的认识。所以全国很多的历史名城没有做到真正的从格局到历史建筑的保护。其实正如单院长刚才谈到的，通过申报世界文化遗产来保护城市有价值的历史信息和城市的特色，这毕竟不仅仅是为了申报一个品牌。

再者，新的文化设施建设当中，总有一种风潮将博物馆、图书馆、美术馆和大剧院等集中布置，我感觉这样的一种文化心态，其展示城市文化形象的作用大于其融入城市环境的作用，只是为了领导审查的时候一眼全能看到。

关于历史建筑拆除建新的问题，有人花很多钱去做仿古建筑，这个东西很不好评论。政府花了钱打造文化品牌，多少有一些积极的影响。但是怎么做才更合适，往往造成开发和文化建设间的混淆。在文化设计建设当中，重建设而不重管理是一大弊病。建筑本身只是一个载体、一个环境，如何把它用好并将其变成文化城市深度有机的一部分，通常缺乏应有的考虑。同时，重视抓大型项目的投资，对于市民生活常用的普通的城市社区环境和文化建设却不太重视，这一点尤为突出。更有在建筑项目上强调标志性，而不强调本地的实际条件，也不尊重传统文化特色，对建筑的评价往往求新求奇，而不是从功能、空间、技术以及经济上给予全面地关注。这些现象直接影响了城市化和建筑设计，作为领导城市文化空间的角色，在定位上就有很多偏颇。

第二个话题叫“设计遗产”，就是什么样的设计才能变成遗产。联合国教科文组织对有遗产价值的建筑和城市应该具备何种条件，有相关的条目。第一是代表独特的艺术成就，一种创造性的天才杰作；第二是能在一个时期内或世界某一个文化区域内对建筑艺术、纪念物艺术、城市规划和景观方面产生过大影响；第三，能为一种已经消失的文明或文化传统提供独特的见证；第四，可作为一种建筑或建筑群、景观的杰出范例，展示人类历史上一个或几个重要阶段；第五，可作为传统的人类居住地或使用的杰出范例，代表一种或几种文化。作为建筑师，应该特别重视世界文化遗产的条件和标准，也要有清楚的认识。一方面要保护现有遗产，一方面要自我要求，把自己的工作做得达到这一目标，这样才更有意义。
本土设计是立足自然和人文的土壤，立足社会资源和人文资源的建造活动。如果要从文化视角来解释，首先我觉得更应该坚持中国文化的价值观，也就是和谐为本；同时应该以传承中国优秀传统文化为本；第三应该以提高中国人居环境质量为本；最后应该以促进中国建筑文化发展为本。总的来说，作为一名建筑师，我们要满足社会的需求，但是我们心里必须有对文化尊崇的态度。这并不是高深的理论，而是对文化、环境、人文尊重的态度。

（中国工程院院士，中国建筑设计研究院副院长、总建筑师）

**郭卫兵：**在我国的一些城市，尤其是二、三线城市中，其建筑远没有达到二十世纪初所提出的现代主义建筑的要求。这样的情况会不会造成我们这个时代留给未来的遗产可能只是一些少数的建筑，而不是有文化价值的整体城市？我认为中国有特殊的理由谈论现代主义，中国缺乏真正的现代主义。现代主义建筑作为基础的创作，依然具有指导意义，这是一个底线，是达到建筑美和文化性的基础要求，在这个基础上，本土建筑才有落脚点。

（河北建筑设计研究院有限公司副院长、总建筑师）

**崔愷：**这是一个比较学术的话题。现代主义建筑不是简单的时代感和时代精神，而是有它的固定含义。我们这一代建筑师是从现代主义建筑学起的，对形式服从功能这些口号也有很深的记忆。经过这么多年的发展，后现代主义、晚期现代主义都出现了，但是现代主义建筑的很多基本论点依然不可或缺。在过去这段时间里，现代主义建筑之所以受到很多质疑，包括在现代主义指导下的给很多亚洲的历史城市带来的问题，我觉得也不可忽视。功能优先、缺乏人性化，注重功能性而忽略文化性，这些偏颇都是存在的。所以现代主义在西方也已经面对了一种质疑。早些年我到英国伯明翰，当地说城市的中心区要改造，需要保留十七、十八世纪的建筑，但却要拆除一些 20 世纪 40 年代的建筑。这种做法对现代建筑的发展会是一种什么样的影响也是值得深思的。
在今天的国际建筑语境下，如何修正我们自己从书本以及照片杂志、演讲中所理解的现代主义，这是值得思考的。好在现在我们有机会出去游历，我们知道现代主义建筑时期留下了什么，历史又留下了什么。当我们思考当下的设计、本土设计的立场的时候，更不能忘记了自己。中国的问题不应该是是否重新学习现代主义建筑的问题，而是结合我们城市发展的需求，注重文化和环境。

**张玉坤：**目前建筑文化遗产和其他本土文化遗产的保护和传承，跟您所倡导的本土建筑和本土设计之间有什么直接的关联？或者从更一般的关联上来讲，遗产的保护和传承对现代的设计有什么依据？这是老生常谈，不过也是时谈时新的一个问题。

（天津大学建筑学院教授）

**崔愷：**我觉得文化遗产的保护，不仅仅是为了建筑师要学什么，而是留下一个社会财富，但确实对建筑师有一定的启发。很多出土的文物也对我们的设计有潜移默化的帮助，对现代建筑的影响也是值得我们重视的。但是由于建筑师忙于做设计，真正把这些财富和设计结合在一起的不多。如果跳出建筑学，今天我们或许有很多遗产，在发掘和整理的过程当中信息是非常匮乏的，需要大量的人去研究，甚至需要很长的时间。可是我们今天做设计的时候，在整个过程中又不太注重保存。如果再过两百年，未来的人研究我们的时候，很多东西可能已无从着手。《中国建筑文化遗产》这个杂志在这个方面很有意义，对文化遗产这部分应该广为宣传。对我们设计的信心也应该完整地保护。从历史信息的角度看设计的遗产，应该从每个人做起，记录自己的创作过程，记录这个遗产。

**杭间：**与建筑的大空间设计相比，美术设计是更贴近日常的设计作品。我今天没有呼应遗产主题，而用了传统这个词。因为我觉得从我的专业来讲，传统更适于表达。在我们的生活中很多传统还活着，但是这并不表示所有的传统都是好的东西。
在美术设计这个小设计领域里，思想的遗产一直受到大量的重视。在这一体系当中，墨子被看作是第一个设计家。虽然他的作品不被美学家所看好，虽然在封建主体时间里面，墨家也不被作为主体思想，但是他对于美的理解，对于应用、功能以及很多当时的技艺，为当今的艺术设计奠定了非常重要的思想基础。墨子的思想使我们进行传统设计的时候，不会过多地注重贵族、皇家这些偏重统治阶层生活的物品，而是更关注民生的东西。当然，儒家和道家是中国最重要的传统思想，其中对于中国传统艺术也有很多指引，包括入世，包括对文和治关系的考虑，包括儒家政治体制对于民生的考虑都是非常精彩的。道家对于空间、有和无的理解，也是非常珍贵的。

在先秦时期，技术和思想是密不可分的，很多文献谈到思想的时候都会举技术的例子，庄子的著作就是其中之一。这些传统的思想到了后期发生了些变化，如北宋的金石学，以李清照为赵明诚的金石录写后续为例，虽然皇帝的爱好推动了北宋的博物学研究，但因为北宋的政治原因，这种理想遭到分裂，虽然北宋的博物学达到很高的高度，但是也没有形成近代我们从西方学到的博物学所形成的整体规制。北宋的博物学最后流入民间形成了收藏、古玩的环境，而不是可进行研究的环境。

从设计师的观点来看，有些古代的东西是很有意思的，比如《幼学丛林》这本书对于中国传统器物的分类，就跟我们今天所谓的科学体系的分类非常不同。而就我们普通人的日常生活来看，这种分类可能更贴近传统，也有它重要的优越性。比如里面谈到衣服的问题，它有对名词的解释、对形式的描述以及对衣服身份的表达。里面也涉及服饰的消费心理学和社会学。其内容还包括一些社会批评，也包括一些对服饰历史的记述，也包括衣服消费的观念。所以在这样一个简单的读物里面，蕴含了今天科学体系表达所形成之外的，非常独特的中国人的表达方式。

传统的小设计也具有相当的复杂性和丰富性，其表现往往是行为系统的表达。比如有很多学者在研究明式家具和我们传统的经络学之间的关系。再比如甘蔗凳体现了敬老和伦理方面的关系，因为它是给老人或者小孩轧果汁用的。还有在当年非常普通的，在城市里行走的馄饨担，在早年的电影里都能看到。这些中国古人使用的例子在今天看固然是落后了，但其中依然有可以借鉴的地方。

故宫的藏品中也有很多非常优秀的东西，这些东西包括名字的命名，都有非常重要的象征性。故宫的名字本身也对中国人有特殊的意义，因为它是一个故国，它是一个站在现在来回望民族过去的寄存体。所以这里面包含了中华民族对于文化保存的一种强烈的愿望，因为这是中国人共同的一个故国，人人都需要从这里出发来寻找故乡。

我下面还想介绍下这批遗产，我也希望它们可以在未来为大家提供服务。因为这是目前中国最大规模的引进西方的设计遗产的尝试。这是杭州市政府经过充分论证，花了将近 6 个亿人民币从德国收藏家手里引进的一批包豪斯的西方现代设计 100 年的作品。现在我们成立了包豪斯研究院，还在筹建设计博物馆，建筑是请葡萄牙的设计师西扎设计的，已经设计完成。现在有一个临时馆已经展示了一些东西。这些东西主要的分布是从德国制造部门到包豪斯以及到现在的很多著名的建筑师的作品，其中包豪斯的作品有 358 件。

设计的东西落户到中国以后，因为江南地区制造业的发展，它是比较特殊的。这些东西和珠三角有着非常大的不同，长三角现在已经有了自己的格局，寻找中国自己的设计发展当中，尤其在全球化的过程当中，也遭遇了很多痛苦，包括中国制造的负面因素，也包括山寨。这些东西我想也是让中国的设计界能够转变的原因，因为设计方法的基础还是在大工业的基础，所以我们可以看到西方的线索，从中来观察，这里的东西能够作为遗产来为中国设计服务。

（中国美术学院教授）

**刘临安：**在二十世纪，特别是二战时期，建筑师的设计不仅仅拘泥于建筑一个方面，涉猎非常广泛。而今天的建筑师，却都很少尝试建筑以外的作品。我想请教下，今天的建筑师如果放到二战以前，或者把二战以前的建筑师放在现在，那会产生一种怎样的效果。设计本身的范围究竟有多大？在家具设计、工艺设计、建筑设计中间是否一定要有一个界限，或者一定要有一条鸿沟？

（北京建筑工程学院建筑与城市规划学院院长）

**杭间：**我认为设计一定是没有界限的。正如格罗皮乌斯、密斯·凡德罗这些非常有名的建筑师在包豪斯初期所做的设计，都是将社会的需要和个人的兴趣结合起来进行的。中国建筑师呈现现在的状态，我妄自推测这也和中国的环境有关系。我们不可否认在过去 30 年里，中国经济的发展给中国提供的建筑设计的机遇太多太多。很多中国的建筑师做设计都来不及，于是对于包括家具、织物，甚至灯光照明等的设计往往有心无力。作为一个研究设计史的人，我非常希望在座的建筑师能够多关注一些小设计，毕竟这是最贴近人的需求的东西。

**戴俭：**您刚才提到的传统设计当中，兼谈了儒家和道家的思想。请问这两者分别对传统设计有哪些影响？

（北京工业大学建筑与城市规划学院院长）

**杭间**：道家思想对设计的影响广为人知，就是虚实、有无之间的关系。另外道家讲究质朴，讲究对世上万物本质的追求、对事物还原到本质的思考，这些对于我们设计的影响是很大的。另外我想道家思想还提醒设计者和使用者，不要受到外物的约束，而是要始终从人的自主角度来看待这些外物。儒家思想非常务实，也是中正平和的思想，这种思想非常符合体制。儒家的论断主要包括文和治的关系，对装饰和物品本身功能的关系也有比较客观的看法。儒家思想要求装饰既不能过度，也不能简陋，而是要谋求两者的平衡。同时儒家思想在唯心派和唯物派两者发展的过程当中，对中国历史的发展，对设计的发展还是有非常重要的影响，这是因为它使得中国的设计发展一直处在一种不偏不倚的状态。总的来说，儒家思想和道家思想对于中国设计的平和发展，到了今天应该还是很有价值的。

**胡越**：城市文化从广义上来说，是居住在城市当中的人创造的物质财富和精神财富的总和。而城市的物质层面则作为文化的载体存在，如果没有这个载体，城市文化本身将无物可附。这个载体既受到城市美学的影响，又被市民生活所左右。正如在不同传统、宗教或者政治体制的影响下，市民生活方式会有所不同，以宗教为主的城市，其市民生活会围绕宗教活动展开。而中国的传统城市则是以帝王、权力层级为支撑的社会，其城市会围绕这样的生活模式展开。所以从所承载的文化来看，城市大致可以分为两类，一种是有历史和传承等文化内核的城市，可以称为有核城市；另一种就是快速成长的新兴城市，处在一种无核状况。
摩洛哥的马拉喀什就是有核城市之一，它的老城区非常紧密，形成阿拉伯式的迷宫。苏黎世这座城市在河流的中心地带有一个古典的内核，慢慢发展到近代，路网和街区逐渐变大。唐山是我国新型城市和快速成长城市的代表，传统的内核已经消失了，只剩下一些点状的文物，因此就变成了一个没有内核的城市。还有一种是北美的城市，它和欧亚那些有悠久历史的城市非常不同，虽然它在城市形态上有核心，但这个核心并没有特意地去传承历史文化价值，所以也应该归为无核城市这一范畴。
这两种城市在文化发展进程当中的文化策略是非常不同的，无核城市因发展过速存在着危机，特别是近些年来在我们国家大面积的城市化过程当中，出现了许多小的新城。过快的建设发展使得这些城市失去了原有的文化内核。这些新兴城市要怎么建设才能在将来的历史回望过程当中，让那时的城市能够跟古代的文明相媲美，这是一个非常大的问题。

当前的中国城镇化存在着诸多奇怪的倾向，拥有独特魅力的中小城市纷纷在局部或者整体上模仿大城市的样貌。比如城市空间的巨大化，有些十几万人口的小城市竟然规划出华盛顿这种巨构的城市才有的纪念轴线，或者凡尔赛帝国中轴对称的大场面上的集会游行场所。这种功能并不适合生活气息很浓厚的中小城市。另外一个趋势就是城市建筑的郊野化，在很多小城市当中，从一个建筑到相邻建筑的距离竟然有一里路，这样看着很气派但却是郊野化的体现。另一种现象就是城市中心曼哈顿化，很多小城市甚至是乡镇的中心都盖起了几百米高的摩天大楼，这可能是一种领导者对他所在城市的憧憬。

一位建筑师在谈到他的设计的时候说，在他做设计的时候，过去看到过的图纸或形象会时时萦绕在他的脑中，而他所有的设计都是根据这些图像映射到心里去的。这种说法正说明了一种形象思维和建筑创作的普遍方式。在做形象设计的时候，我们往往是根据脑子当中既有的一种图像进行再创作。在形象思维当中，有这么三个要点。第一个是过去看到的形象，第二个是根据这些素材在头脑中进行再加工，第三个则是输出一个新的形象。那么我想在一个城市设计或者城市规划当中，其实决策者无非是两种人，一种人就是我们的规划师，从技术层面来讲，一个规划师还是对一个城市有相当影响的；而另一种就是城市的决策人，换句话说就是书记或者市长，他们会提供他们脑中的图像来左右这个城市的规划发展。这两种图像就可以称为设计的图像以及权力的图像。

权力的图像来源于城市的决策人，但决策人的生活注定不会与普通民众相同，这种生活决定了他不会按照普通市民在其中生活的图景出发去设想这个城市，他可能快速经过某一个城市，或者是作为一个客体到国外去浏览大都市。那些辉煌的场面成为了他对城市景象的期许，也就严重地影响了这个城市的设计，各种城市怪相也从中而来。

设计的图像主要是技术层面。实际上在工业革命以后的现代主义建筑当中，由于生产力的巨大发展，我们面临的技术问题越来越大。因此我想在城市的设计和规划当中，在专业的层面上，影响我们最多的是技术问题。我们的城市规划和建筑过多地考虑了经济的布局以及道路、日照等技术手段。这样我们就想，作为一个人性化的城市设计，最重要的是城市的公共空间。但是我们想一想我们普通城市的公共空间经过了怎样的设计，只是一个技术化的副产品罢了。就拿我们的小区来说，我们的小区摆放主要以建筑的朝向、容积率、布局为基础，形成一个空间。在建筑的摆放当中，其实是被技术条件限制死了之后的剩余空间，就是我们的公共空间，是一种被动的空间，这不是对人的关怀，对人的体贴。因此我想在这种技术图景下的城市设计，是非常危险的。

那么我想在快速的城市化当中，大量小城市出现的过程当中，或者说一些虽然还有历史但是相当于新建的城市当中，权力的图像应该生活化，当然这只是一个憧憬。我想在一个可以展望的未来当中，让我们的决策者去过普通人的生活，买菜做饭，在街上走，这有相当大的难度。那么就需要我们的执政理念、对于城市规划的干预程度发生转变。中国在新兴城市当中才能体现对人的关怀，对生活的憧憬，才不会出现在中小城市当中大而不当的非人性空间和城市设计。我想在设计当中，应该重新关怀美学以及我们在城市设计上营造普通市民生活生机勃勃的意图。在 100 多年前，奥地利著名的城市设计专家希特曾出版了《用美的原则来设计城市》一书。他当时就发现西方国家在工业革命以后形成了新的城市规划理念，已经彻底地抛弃了过去欧洲从希腊、罗马文艺复兴时期，一直到浪漫主义时代中以美和生活作为主旨的城市设计传统，转而形成一种以技术作为主导的城市设计。在这种现代主义城市设计当中，留下一种很糟糕的传统。

在许多新兴的、没有核心的城市建设当中，如果仍然使用这种设计方法和途径的话，会留下非常大的历史遗憾，希望我们的城市不会走到那一步。

（全国工程勘察设计大师，北京市建筑设计研究院有限公司总建筑师）

**傅绍辉：**中国有很多像平遥和丽江这样的古城，它们的城市核心保存得也非常好，但我始终觉得它们不能叫一个城市。一个城市应该有城市对应的生活，而生活应该是多样和丰富的，但在平遥人的行为只有两种，其中一种是游客，另一种是为游客服务的人。现在中国的很多城市被保护了起来，成为文化遗产，那些生活中原有的多样活动消失了，留下的仅仅是城市空间。这种城市看上去更像是一个摆件，其中的生活早已面目全非。这种骤然的变化到底是积极的，还是消极的？

（中国航空规划建设发展有限公司总建筑师）

**胡越：**一座完全供人参观游览的城市我认为应该不能算作有核城市，因为它不能在正常城市的生活当中发挥它应有的作用。在中国现在的现代化和传统建筑体系的共同作用下，有核城市已基本消失，而这种消失是不可逆转的。这是由于中国的传统生活与现在的生活方式相去太远，正如欧洲古典建筑一脉相承的混凝土浇灌体系跟中国的传统建筑系统有非常大的差距。所以在现在这种情况下，我觉得除了我们对自己的文化还有一点感情需求，那些古老的街区景观完全丧失它们的城市功能是不可避免的，因为传统的生活模式已经改变，这些街区不再能发挥原有的城市作用。

**王军：**我想问一下，您的演讲透露出您赞赏人的尺度，但是现在有了汽车，那汽车的尺度和人的尺度这两者怎么在城市里共存？

（《瞭望》周刊副主编）

**胡越：**这个问题很尖锐，从城市文明的发展来说，汽车给我们解决了很大的问题，但是我觉得汽车也是葬送传统城市结构的罪魁祸首。我觉得将来可能的结果是两种，一种就是像现在这样向汽车文化做妥协，构筑巨大无比的路网，所有地方都差不多，这种城市是完全缺乏人性的。另一种就是交通方式向传统做出妥协，这可能需要在汽车的消费和设计当中重新去认识很多问题，并随着能源的危机和环境的恶化，在未来发生一些转变。

**贾伟：**3 年前因为伦敦奥运会的关系，我在伦敦开了第一家海外设计公司。在这之前我一直觉得中国的设计还是可以的，但是当我们把中国的设计公司开到伦敦时，就发现特别多的设计公司、工作室、设计者都来问我一个问题："你们来干什么？"那时候我们受到了很多质疑，因为当我们以设计师的身份站在欧洲的时候，我们的身前印有一个大大的标签"Made in China"，而背后则贴了一个更大的标签，那就是"Copy"。所以中国设计如果想走出去就一定要克服这一点，一定要重视我们自身的文化。也许过去确实有很多国内的工作者 copy 了欧洲的设计，但核心的问题其实是中国的很多设计 copy 了欧洲的风格。这不仅仅是中国从业者的弊病，也是环境的问题，因为绝大多数的客户都要求设计具有欧洲风格比如意大利、罗马风格等，却绝少有客户来要求做关于东方以及中国主题的设计。中国不是像日本那样的岛国，也不存在德国那种严谨的态度，更没有北欧的自然，这就注定延续这些国家的文化和风格时无法创造出比它们更加成熟的设计作品。所以从几年前开始，我决定探索一条新的路——关于中国文化如何活在当下。所以我把公司搬到了西海边上，一路一山一水一寺，这样环境的改变也会带来设计的改变。

前几年我刻意在找一些跟传统文化有关的地方，或者这样的一些元素。后来，因为一个项目的缘故我找到了梅兰芳大剧院。我发现梅兰芳先生的五十三式兰花指非常漂亮，那么能不能以此为源，将之变成今天的设计呢？最终我们将五十三式兰花指融合了茶道还有音乐，做成了一个茶艺表演，这种结合中国传统文化和现代设计手法的方式广受好评。由此可见，中国文化中有非常多的元素可以被剖析解读，并进行探索和再创造，站在过去大师的肩上，我们也更有创造力。兰花有“花如君子”的美誉，所以在过去兰花指又称君子指，其实在古代只有达官贵人和文人雅士才用兰花指。今天我们社会上已经没有哪个男士会翘兰花指了，从某种程度上来讲，这是我们文化的缺失。

除此之外，我们还有非常多的文化基础和文化元素值得去研究，比如我曾在国博看到的编钟。如何把这种皇家才能使用的礼乐器具编钟带入老百姓的家里，其实是个蛮有意思的设计方向，因为如何通过巧妙的构造使文化传承进入每一个家庭，让每一个主妇喜欢这样的东西，是一个很有趣的尝试。在我们的设计中，把皇帝听的乐章放进了餐桌和厨房，让每一个家庭主妇享受自己的生活。这其实是把一个非常庞大的乐器，做成一个个小小的调料罐。还包括圆明园的兽首，从 1707 年到现在经历了不断的变迁，一度辉煌，而后又遭受颠沛流离。我们将它设计成一个沙漏，从中恍惚间预示着时光的流逝和岁月的变迁，富有历史的沉重感以及时代的光泽。

其实古代人是非常风雅的，而我们现代人过于冷漠，其实古代的琴道、茶道、香道的元素在今天都可以被赋予新的意义和价值，产生的作品也可以进入大众的生活。包括故宫也有很多大众的宝贝，但这些宝贝如何产生新的概念进入我们中国人的生活，不要让我们中国人每天都在用国外的产品，这是我们设计者当下面对的最大挑战。

（LKK 洛可可设计集团董事长）

**吴晨：** 中国传统文化的传承分为精神和物质两个层面，而现在流传下来的文物大多以器物的形式存在。在过去古代的传承过程当中这些器物体现了天人合一的思想，因为现在生活的需求不同，这些功能也发生了一定变化。精神层面和物质层面如何更好地衔接，您的考虑是怎么样的？

（北京市建筑设计研究院有限公司副总建筑师）

**贾伟：**从英国的工业革命包括包豪斯主义开始，那是一个工业时代，而我个人理解现在已经进入一个后工业时代。工业时代强调大批量地生产低成本的产品，尽快满足人们对物质的需求。但是当工业时代已经完全能满足人们的基本需求的时候，就出现另外一个问题，就是这些产品会否被人喜欢，这就进入了一个以情感为核心的时代。现在这个时代对物质的需求已经基本解决，人们在极大地追求精神世界的满足。这种状况有点像古人的时代，因为古人没有太多的物质需求，从而更多地寻找精神需求。中国古人讲以器载道，我们现在已经又一次进入了以器物来承载道的时代。所以今天的新的工业产品在后面的时代已经开始有了古人那种情感化的元素。

**马国馨：**在今天的论坛中很多人谈到了城市和城镇化的问题。凡事一旦牵扯到“化”，就像英文中加上“-ization”一样，需要在上面花费更多的考虑。因为这对于一个社会、对人、对人的心理和生活都将产生比较大的影响。

关于城镇化，首先有非常积极的方面，比如未来 10 到 15 年的红利，将有 70% 的人在城市里生活。但是同时，它也会带来很多负面的影响，其中很重要的一点就是文化遗产、建筑遗产将面临灾难。所以“化”是一个需要三思而后行的东西。

文化本身可以理解为以文来化，这个化也是几千年来不断传承的一个东西。城镇化不能简单地被理解为拆了旧房盖新房，而是以当局者为原点，审视接下来很长一段时间要做的一项长久的事务。

第二点我们谈到设计，这也是一个非常重要的概念。我们现在非常强调原创，但是纯粹的原创始终太难了，比它低一个层次就是改创。如果原创的概念定义为不能让人在其中看出这个设计源自于何处，那改创的意思就是在原来的基础上，至少要改得让别人难以辨识出处。从这一点来说，无论建筑设计、工业设计还是其他设计，实际都是不断地从比较低的创造层次向高的创造层次迈进的过程。

第三点讲遗产，遗产在这些年逐渐为大家所认识，但距离得到全社会的共识，还有很长的路要走。文化遗产的传承不仅仅是保留，更需要社会的共识。这其中更凸显了“跨界”的意义，只有跨界，才能结合全社会更多人的力量，才能把这个事情做得更好。

通过今天的会议我们发现工作中面临很多的问题和矛盾，很多的因素需要得到调和。我想还是归纳到习主席引用的一句话，就是治大国如烹小鲜。这句话取自老子的《道德经》，将治国比作炒菜，或是咸或是淡，或是火大或是火小，凡事都需要恰到好处、掌握分寸。我们面对的其实也是这个问题，各方面的矛盾其实都需要把分寸掌握得很好，适应我们这个社会整体的步伐。

（中国工程院院士，北京市建筑设计研究院有限公司总建筑师）

（朱有恒根据录音整理）

# 传承历史　设计未来

## ——上海现代建筑集团历史建筑保护座谈会

**编者按：**2013年7月10日，《中国建筑文化遗产》采访小组专程赴上海，与全国工程勘察设计大师唐玉恩率领的上海现代建筑集团从事近现代历史建筑遗产保护工作的设计团队进行座谈；来自上海建筑设计研究院、现代历史建筑保护设计院等部门的一线建筑师，结合各自的工作体会和感想，对历史建筑保护工作当中的一些问题，发表了各自的观点和看法。以下刊登与会者发言的主要内容。

**唐玉恩：**今天与会的人员有原《建筑创作》杂志主编金磊和他的同事，他现在是《中国建筑文化遗产》杂志的总编辑。金磊先生在担任《建筑创作》主编的时候，就非常关注历史建筑的传承与保护，曾给予我们支持和帮助；2010年，我们结合上海市建委的科研课题，到日本考察历史建筑的保护，后来《建筑创作》杂志以连载的方式刊登了我们的考察报告，对我们的工作给予了支持。当时，他们还编辑了《田野新考察报告》，是按照当年梁思成先生他们那样的形式做的，非常好。我认为，这体现了一个媒体组织对建筑专业的责任和作用。对金总编及其团队给予我们工作上强有力的支持和帮助我们表示感谢。

在各位发言之前，我先介绍一些相关的背景。从20世纪50年代起，上海院就开始了对上海近代历史建筑的调查和保护工作，留下了许多宝贵资料。20世纪50—60年代在陈植老院长的带领下完成了上海豫园、龙华寺塔、上海"一大"会址、嘉定孔庙等历史建筑的修缮设计；20世纪90年代以来陆续承担了外滩原汇丰银行、中国银行、和平饭店、东风饭

唐玉恩　金磊　邱致远　倪正颖
姜维哲　许一凡　潘嘉凝　郑宁
邹勋　宿新宝　罗超君

店、光大银行、怡和洋行等许多文物建筑和优秀历史建筑的保护修缮设计，获得了有关部门和社会各界的好评。

1843 年上海开埠，1850 年建立了第一个英租界，外滩建设拉开序幕。而当时的中国还处在封建社会末期，国外的新思想、新技术等对当时的中国产生了巨大的冲击，包括最早出现的电梯、新型结构、铁艺、彩色玻璃的装饰以及巴洛克式的艺术装饰等。这些技术及工艺的出现，对后来的建设产生了极大的影响和作用；这些技术工艺与江南传统建筑有很大区别，至 20 世纪初城市扩大，建筑类型更加丰富，建筑结构、空间、室内装饰等方面均有了很大的进步，上海已是中国经济中心，具备了国际化大都市的雏形。优秀历史建筑的历史文化价值是难以复制的。保护与利用的设计、工程，也是对近代历史的重新审视。

1927 年开始提出“大上海计划”，因为当时外滩是租界，规划设计就将上海城市中心放在城市东北部的江湾一带。当时的中国建筑师和有识之士还是非常愿意在中国自己的土地上传承自己的文化的；规划虽吸取了美国城市华盛顿的设计理念，但市政府、博物馆、图书馆等中心区建筑同当时的中山陵一样，弘扬中国传统建筑文化，这些琉璃瓦大屋顶建筑也得以保留至今。

外滩经几轮建设，至 20 世纪 30 年代基本完成了全部群体面貌。

和平饭店当年名为沙逊大厦，于 1929 年建成，是上海城市历史建筑中非常著名的建筑，可以说是当时西方先进的建筑技术在远东的典范。2007 年，上海院承担了该大楼的保护、扩建设计工作，由于该建筑的社会影响巨大，它的保护、修缮、扩建，受到从市长到各有关管理部门、业内专家和公众的高度重视。遵循“完整性、真实性”原则，对于老楼，我们确定了保护整治、恢复历史原貌的思路。根据史料恢复大楼南立面三个雨篷的历史原貌；恢复和平饭店的入口区形象；按历史式样更新客房门窗；特别是恢复酒店底层独具特色的“丰”字形购物廊及“八角中庭”富丽堂皇的历史原貌；恢复客房走道的历史布局等，并按现代高档酒店的需求布置并更新设施，提高舒适度，增设消防设备。

同时，在严格保护文物建筑的前提下，通过在西侧扩建新楼，完善酒店的功能流线，提高和平饭店的综合服务功能配置标准，提升酒店品质。面对综合复杂的功能要求及严格的规划约束条件，最终寻求一个完善的解决办法。新楼体型、立面设计与老楼协调，延续了老楼的立面风格，外墙材料选用相同的花岗岩石材，色泽相近而有可识别性。同时，新楼结构采用一个兼容性较好、清晰明了的双跨结构柱网关系，避免结构体系的超限问题。保护与扩建工程完成后，和平饭店作为上海的顶级接待场所，现名为费尔蒙和平饭店，在新的历史时代焕发了更加强劲的生命力。

外滩南端的东风饭店是原上海总会，是 1949 年以前上海最高档的俱乐部、会所之一， 20 世纪 80 年代后改名为“东风饭店”；后“肯德基”曾进驻底层原来的“远东第一吧”，拆除了原吧台。此次保护恢复了原主入口的玻璃雨篷，保护整修大厅和各主要空间及装修，复原了长吧，在西侧建了连廊，以与联谊二期联系，并利用其设备中心等，同时也提升了建筑的原有品味，现在其成为上海最高档的酒店接待中心。

地处北京东路外滩的原“怡和洋行”的外立面是考究的花岗石板，根据现在的使用，进行了保护修缮设计，在内庭院原主窗的部位，遵循最小干预度和可逆性原则，设计了透明的玻璃电梯，适合当今使用并突出建筑自身的特点。

在“世博会”的建设当中，我们也完成了一些历史建筑的更新改造工程，使历史建筑焕发出新的生命。

通过实践我们认识到，近代建筑是建筑历史发展过程中离我们最近的历史阶段，我们要认真加以对待。上海这么多的历史建筑得以保留，是与其丰富的近代历史发展紧密相关的，也表明了上海与其他城市的不同。近现代历史发展的100多年，也是建筑技术设备得以突飞猛进的时代，人们的生活水准要求有相当大的变化和提高，而现代建筑钢筋混凝土的结构，还能够满足更新变化的需要，这也为我们今天的工作打下了良好的基础。
近年，我和各位同人合作完成了一些历史建筑保护与利用的设计及相关科研，在真实保持历史建筑本来的风貌的同时，通过各专业系统性的科学性的工作，使其能够适应现代使用需要；同时我们结合实际工程做了科研课题，还将所完成的保护修缮工程资料及时总结，汇编成《共同的遗产》一书。非常感谢大家的共同努力。

（全国工程设计大师，上海市建筑设计研究院总建筑师）

**金磊：**以前曾经多次来到现代集团，这次来后受到的教育最大。没有想到咱们在历史建筑保护方面做了这么多的工作，取得了这么多的成绩，确确实实值得我们认真学习。国内建筑设计三大院，中国院有历史所，那是老一辈留下的历史，他们也做了很多工作；你们上海院取得的成绩有目共睹。北京院在20世纪50年代完成了包括十大建筑在内的许多著名建筑的设计，其主办的杂志《建筑创作》曾经非常关注传统建筑文化的传承与保护工作；我们还曾经编辑了《田野新考察报告》，得到了业内外的一致称赞。此后，我们还编辑了《中山纪念建筑》《辛亥革命纪念建筑》《抗战纪念建筑》等学术著作，得到了业内许多专家的好评。现在我们主编《中国建筑文化遗产》杂志，就是要将建筑遗产保护事业做得更好，做出更高的水平，达到新的高度。随着社会文明的发展进步，人们对文化遗产的认识越来越深入，特别是近现代建筑及20世纪建筑遗产的保护日益引起社会各界的关注，因为做好这项工作，可以直接与当今的城市建设紧密联系在一起，为社会发展服务，为经济发展做出贡献。我们主编的《建筑评论》杂志也在利用所搭建的平台，将会为建筑遗产保护做出应有的贡献。

（《中国建筑文化遗产》总编辑）

**邱致远：**我参加工作有40年了，曾跟随章明总师、唐总等前辈参加了部分历史建筑的修缮设计工作，谈一些自己的体会和感悟。

随着城市建设的不断发展，城市改造、既有建筑的置换利用与历史建筑、历史风貌街区保存保护的碰撞日渐增多。上海市政府和市文物局、规划局、房地局等政府各主管部门对于历史建筑保护利用工作的领导、支持、把控是积极务实的。但事实上除了政府政策支持之外，项目开发商和业主的态度和认识对于项目操作的顺利成功与否也是至关重要的。

前些时候听到这样的说法，“历史建筑一旦挂了牌就死定了”。实际上是说一旦被挂上了历史建筑的牌，建筑也就动不了了，政府不给钱修缮，住家又不能擅自处理，相当于让历史建筑去自生自灭。而上海这些年来在政府政策指导下，利用商业运作模式，引入社会资源和资金投入历史建筑的保护利用，已形成了建筑保护的一种途径。不少业主及开发商还是能理解历史建筑保护的意义，有这个意识，也能够给予配合。当然在实际的工作过程中也会碰到一些磕磕碰碰的情况，包括项目的投入与回报的关系等。

上海建筑设计研究院在早年的历史上就参与了建筑保护设计方面的工作，这些年来在前辈、大师的带领下，又先后完成了许多保护修缮的设计项目；公司在技术管理、技术支持等方面投入了大量的人力和资金，也结合项目做了一些设计探讨和研究总结工作。我认为，在当前的历史建筑保护修缮实践中应加强对一些特殊或称之为传统工艺、工序施工人才的建设培养，目前的能力和水平参差不齐。记得20世纪90年代参与“汇丰银行大楼”项目，包括市里都非常重视，有关部门抓得很紧，经常召开现场会审查研究保护修缮方面的问题；企业也舍得投入，当时还能够找到一些懂得传统工艺的老工匠，比如镶嵌玻璃修补、“汰石子”的施工、钢窗钢门的校正、花岗石材的清洗等，现在恐怕要找这样的工匠就更难了。做这些手艺的工匠已青黄不接，现在工程建设中也早已不用这些工艺了。这也是当前施工企业面临的实际问题。一方面是人员培养的问题，另一方面是利益问题，施工过程能快则快，怎么省工就怎么来，往往缺乏了对高质量的追求和研究。

在这些年的工程实践中我也体会到，上海的文物建筑和优秀近代历史建筑与传统的中国建筑有着较大的区别，它是与现代建筑最接近的历史建筑，无论是建筑结构体系还是建筑使用功能也都是最接近现代建筑的。我所接触到的工程大多数为恢复原有使用功能的，也有一些是要进行适当调整的。比如在“汇丰银行大楼”修缮项目中，我们在恢复其历史原有建筑风貌的大前提下，在恢复其银行使用功能的过程中，同时考虑了如何适应当今社会发展使用需要的问题。换而言之，在对历史建筑恢复其原有风貌的前提下如何合理进行功能布局，是完全按照历史格局，还是结合现今需求进行合适调整？这是没有统一标准的，是需要建筑师根据不同情况做出合理分析抉择的。比如以前银行是靠大量的人力使用算盘账簿为客户服务，内部人员占用工作空间较大，所以在原先的银行营业大厅中有相当之大的面积要满足银行内部的使用需要，为此留给客户的面积较小，只有狭长的一条区域，这样的布局是与当时的社会科技发展水平密切相关的；而现在使用了计算机操作，智能化、信息化、部分无纸化的操作节约了大量的建筑空间，结合人性化服务理念就应该将更多的优质空间直接留给客户使用，使得顾客的接待环境更加舒适宜人。面对这样的现实和分析，通过设计调整，不仅恢复了银行营业厅的历史风貌，又同时解决了功能布局上的合理使用问题。若在项目实施中完全坚持一成不变、只能恢复历史本来面目的思路，则在有些项目中就很难完全满足当今社会的业主使用要求。当然，对一些使用功能至今没有太大变化的历史建筑，比如寺庙等，我们可在实际工程中基本按照原貌恢复其原有的建筑功能。

在这些年的工程实践中我还体会到，东西方文化对于建筑修缮把控的认识和理解也是不完全一致的。我们看到不少西方建筑，比如教堂、博物馆等，在修复过程中能够保留者则保留，而在修缮手法上往往较多地表现为在旧的历史建筑上直接加入新材料和新工艺，以示新旧之分，更多强调的是新旧分明和对比；而我们则较多地表现为修旧如旧，修缮之后能使新旧之间的关系和谐一致（但事实上走近仔细看还是会有差别的），比如在“怡和洋行大楼”项目的室内主楼梯铸铁栏杆修缮中，我们按历史三维花饰变形设计成二维同质花饰栏杆用于历史加层部分中，取得了总体统一和谐又不完全仿制“假古董”的效果。当然我们也有修缮效果强烈对比的实践案例，比如同样在“怡和洋行大楼”的项目中，为了将原有人流量较少的洋行办公建筑改造为适用于日后的综合商业功能，设计中在不破坏原有结构体系和尽量减少对原有建筑影响的可逆性设计原则下，选择在不影响建筑整体形象的大楼背面阴角部位增加了两台与历史建筑风格完全相悖的钢结构玻璃电梯，这不仅在功能上满足了使用需求，在形式上也尝试了在传统风格历史建筑上添加上带有明显时代特征的可识别性处理手法。

会议现场

总之，对于历史建筑的修缮保护，并没有一个一成不变的统一操作标准，必须是具体情况具体分析，必须在坚持保护原则的前提下，尽量考虑满足现今的实际使用要求，将历史建筑保护和日后使用需求有机统一，使历史建筑保护利用真正成为建筑保护的有效途径。

（上海市建筑设计研究院建筑师）

**倪正颖**：最近几年，有幸在唐总的指导下参与了几个不同类型的历史建筑保护工程，参加这些工程的体会比参加其他工程的体会更深，自己心理上的感受也更加强烈。第一个感觉就是相当辛苦。在现在的市场经济条件下经常听到过劳死的案例，我们这样的工作状态虽然没有到过劳死，也是经常处于过劳的状态。但是虽然辛苦，却也确实感觉学到很多东西，收获很多，进步很多。因为很难得有机会参与到这些工程里面来，自己感觉蛮值得的。第二个感觉是我们做得还不够多、不够快，感觉到我们做历史建筑保护工作是在同商业化浪潮抢建筑、抢信息，希望能够用我们的双手将传统建筑文化保留下来，从而对我们的后人、对我们的社会有所交代。

这次跟着唐总做和平饭店新楼，因为其与和平饭店老楼贴邻，要考虑保护工作方面的许多细节；又因为是新建筑，一些功能、流线、布局需要考虑老楼所没有的内容，还要解决老楼因为置换面积要求出现的问题。和平饭店所处的位置寸土寸金，在有限的用地上要解决客房、商业等功能上的需要，还要满足各种不同人流的交通需求，简直是在做一道难解的数学题。我们当初进行设计的时候，就是当作解数学题一样去完成的；实际上就是尝试用各种不同的方法，最大可能地综合平衡好各种矛盾的关系。
设计过程中最大的难题来自业主方的要求和保护工作的矛盾。业主方有来自投资方面的压力，商业上的回报率要求总是相当高的。业主常常会说，能够用的就保留，不能用的就全拆掉，拆掉了以后可使用面积不就大一些了嘛；保护方面的投入越小越好，时间上则希望越快越好，相信许多从事历史保护建筑工作的建筑师都会遇到这样的问题。但从保护历史建筑的角度出发，保护工作是第一位的。在旧为今用、古为今用的今天，建筑师又多了一项工作，就是要说服业主，在保护与利用方面找到平衡点。
在和平饭店项目的工作中因为新老建筑是挨在一起的，我们就新老建筑的衔接等问题多次与业主方交流，希望在不断的交流中尽可能达到一致。通过工程实践，我们对历史建筑保护工作有了进一步的认识：做这个工作，赚钱肯定不是第一位的，责任是第一位的。相信今后如果还能有机会的话，一定可以有更好的技术手段和办法、以更大的热情和信心投入工作当中。
希望今后我们能够从金总编这里得到更多更好有关历史建筑保护行业方面的信息，也希望今后还能够有机会跟着唐总再做一些历史建筑改造工程。

（上海市建筑设计研究院建筑四所副总建筑师）

**邱致远：**在工作中努力做好与业主的沟通协商，在坚持建筑保护的原则下做好建筑修缮设计，同时还要尽量保证业主的寸土寸金利益，这是建筑师的追求，也确实是对建筑师提出的课题。有的建筑师瞧不起历史建筑保护修缮设计工作，认为设计没有什么新意，而在新建筑设计中可以随心创作设计，建筑师的个人想法可以在实际工程中得以实现。事实上，在历史建筑保护修缮设计中，同样有着许多课题等待建筑师去研究解决，比如如何坚持和体现建筑保护的原则、如何考虑兼顾业主的利用诉求，通过我们的精心设计，同样可以让业主得到满意的需求，同时还能为社会历史文化财富的有效保护贡献自己的智慧，这也是我们努力工作的目标。

**姜维哲：**我们从事的近现代历史建筑保护，与通常说的建筑遗产保护或传统建筑保护，既有联系，又有区别；既有普遍性，也有特殊性。普遍性是指它们都属于建筑设计，特殊性是指其对象是保护性建筑。近现代建筑尚不同于古建，它们都要被继续使用下去，比如和平饭店、东风饭店等还都要继续作为高端酒店使用——这些历史建筑有的甚至还要再继续使用几十年。由此看来，历史建筑保护工作是一项复合型学科，它与当年梁思成先生等人从事的较单纯的古建筑研究工作既有联系也有明显的区别。

在这类工作中，我们既有压力，也有阻力。压力首先来自社会，比如在和平饭店项目中，曾经有市民向市“文管委”反映：“怎么和平饭店屋顶的玻璃房子被拆掉了？！”——其实他们所谓的“玻璃房子”虽然存在了好些年，但其本身属于后期搭建，是理所应当要拆除的。这固然是好事，说明全社会对文物建筑保护的意识在增强。但确实也给建筑师以非常大的压力，我们经常是以如履薄冰的心态进行工作，唯恐出现问题。当然，这既是压力，也是动力。

阻力也非常大。一是来自业主方面，他们希望利润最大化、商业利益最大化。这是可以理解的，我们也不希望历史建筑修复以后仅仅成为建筑博物馆，还是应该尽量发挥它的作用。第二是来自其他相关部门，比如测绘等。几个项目做下来，普遍感到业主提供的一些测绘图纸无法完全满足保护、修缮设计需要，相当多的工作最终还是要由我们建筑师自己来完成。比如和平饭店，八层以上本是错层建筑，但这在当时业主提供的测绘图中都没有表达出来，只好由我们自己来测。至于一些内立面上的花饰就更是我们自己测绘出来的了。测绘工作尤其重要，这是因为设计一些设备管线的出风口、喷头位置有可能会与某些被保护的花饰产生矛盾，必须要掌握这些花饰的准确位置，连一厘米都不能差，可以说要求非常严格。第三个阻力来自施工方，他们也希望利润最大化，尽量节省费用，致使一些设计在施工中无法落实。

还有几个难点。其中最大的难点在于如何区分保护与破坏，如何坚持原则。不同的建筑有不同的情况，不能一概而论，保护设计时既有原则问题，也有相当的灵活性问题——这也给建筑师提出了很大的难题，许多问题的出现有时不是建筑师这一层面所能决定的，需要文物部门等决策机构最后拍板。这一点时常困惑着我们——因为保护设计工程中难免需要拆除一部分历史遗存部位，怎么拆，拆哪里，这就需要社会各界、各个部门积极配合才能够完成。其次就是现场勘察。我认为，现场勘察要程序化、规范化。和平饭店项目中我去现场达二三百次，这从另一个侧面说明自己的现场勘察不够规范、不够科学。现场勘察时，有许多工作要做，比如：对历史遗存的构件要编号，对拆下的装饰构件要分门别类，要科学、规范地记录它们被拆下时的状况；去现场勘察时主要不是去欣赏老建筑的精彩之处，而是要侧重于观察保护设计中可能会产生难点的关键部位；拍摄现场照片时要有同时反映房间顶部、立面、地面状况的照片。唐总也曾多次给予我指导，使我对现场勘察的重要性有了进一步的认识。成功高效的现场勘察，一方面可以减少跑现场的次数，从而节省成本，另一方面更有助于提高保护设计的精确性。

（上海市建筑设计研究院建筑四所建筑师）

**倪正颖：**上个星期我休假刚回来，我和同事一起到柬埔寨的吴哥窟去参观。柬埔寨有许多上千年的历史遗迹，现在有包括中国、德国、美国、法国等多个国家的专家在帮助他们进行保护修复。我们看到他们的现场勘察和修复非常细致、严谨，每个建筑有上千个部件，他们全部编号，之后按照原来的图纸逐一修复。法国帮助修复的巴方寺由于红色高棉上台，工人们被枪杀，专家们被遣返，资料被销毁。上千块建筑部件都在地上放着，无法将这些部件复原回去。那些石头风化得特别厉害，加上风雨的侵蚀，让人看了心疼不已，太可惜了。1000 多年的石头就在地上放着，那是 1000 多年的东西啊！我想，如果在意大利等欧洲的一些国家，他们一定会采取相应的技术，对其进行保护。这样的现场给我的启示就是，我们现在对有着历史传承的建筑的保护不是太多，而是不够；特别是现在的中国，商业的味道充斥着每一个地方，资金周转要快，回报率要高，而对我们而言，保护工作一定要加强。我们现在有这个机会，就一定要将历史建筑保护工作做好。

**许一凡：**建筑遗产保护已成为建筑设计领域最热门、发展最快的学科。中国的建筑遗产保护，重点是中国传统建筑遗产的保护，而忽略近现代建筑遗产的保护，近现代建筑遗产保护的技术、规范等，都不太被重视。我们要抓住这个机会，将近现代建筑遗产保护工作做好。

中国的近代建筑遗产保护有特殊的价值，上海的近代建筑遗产，在亚洲范围内是数量最多、规模最大、价值最高的，比新加坡市、东京、中国香港等城市都要丰富。近代建筑遗产与中国传统古建筑不同，许多近代建筑至今还在使用中，如上海的和平饭店、东风饭店以及上海特有的石库门建筑等，其建筑技术、工艺仍然在被利用，仍具有很高的科学和艺术价值。希望媒体今后多多关注中国近现代建筑遗产保护领域。

近现代建筑遗产成为文物保护单位后，可以按照文物法进行保护。有些近现代建筑在历史上曾经发挥了重要作用，有相当高的历史价值和艺术价值，但尚未成为文物保护单位，许多城市都分别对此类建筑进行立法保护和管理，但名称各不相同，上海称作“优秀历史建筑”，天津称作“风貌建筑”，国家没有一个统一的名称和法规，管理上有些混乱。希望媒体开辟专栏，对近代建筑遗产保护进行深入的宣传，因为近代建筑保护的做法、理念、原则与中国传统建筑的保护是不一样的，有其特殊性。也希望能够多传递一些国外在近代建筑保护方面的成果、经验和做法，以供建筑师学习、借鉴，特别是美国、日本等国家，他们的做法对我们有实际意义；他们在保护理念、技术利用、技术推广方面也非常值得我们学习，借鉴他们的做法可把近现代建筑保护工作做得更好，特别是他们在立法上的经验更加值得我们学习。

当今建筑界流行的 BIM 技术对近代历史建筑遗产保护同样有非常重要的作用，包括三维打印等对近代建筑构件的修复保护更为重要。

近现代建筑的保护与利用是辩证关系，也是相辅相成的。保护是方法，是前提；利用是目的。没有很好的利用，保护也没有意义。这个问题还涉及建筑的功能及改造问题，有些近现代建筑的功能可以延续，有些需要重新转换，如有些近代工业遗产改造后成为创意园区、展览馆、博物馆，有些近代住宅建筑改造后成为会所，这都很好地解决了利用问题，从而使建筑的生命得以延续，也为保护提供了很好的思路，使原来的建筑继续延年益寿。

（华东建筑设计研究院有限公司历史建筑保护设计研究院副院长）

**潘嘉凝：**我在技术发展部工作，由此得以对公司的专项技术情况有比较全面的了解。近年来，公司注重专项技术的发展，历史建筑保护成为我们公司专项技术的一个重要内容。其实各个专项技术之间也存在相辅相成的关系，教育建筑、医疗建筑，甚至绿色建筑中也经常会涉及一些历史建筑保护的内容；同样也可以从城市设计的角度看待历史建筑保护的发展，从而更好地延续历史建筑的城市文脉……在这样的范围中说历史建筑保护，就一定是在一个新的高度看待问题。也可以说，历史建筑保护技术的发展成果已经在我们所涉及的各类建筑项目中有所展现。

从我们完成的项目中可以看到，我们的保护工程不是简单的旧瓶装新酒，完全抛弃建筑原有的功能；而是通过我们自己的研究、分析、比较，达到设计提升，让历史建筑得以在真正意义上实现可持续利用。看到唐总带领的团队取得的成绩，自己都感觉到非常自豪，他们为每一个历史建筑保护工程都付出了非常大的努力，大家现在看到的可能只是他们付出的十分之一，他们做的许多研究工作被淹没在繁杂的设计过程当中，但正是这些看不到的努力成为保证工程出色完成的重要力量，为众多重要的历史保护建筑赋予了新的生命力。

（上海市建筑设计研究院技术发展部副主任）

**郑宁：**《建筑创作》给我留下了非常深刻的印象，图片精美、文字洗练。《田野新考察报告》的出现使人非常受鼓舞，感觉建筑文化真正地生根发芽了。我们从事历史建筑保护工作，实际上是以实践的方式在学习历史。我在大学念了11年书，毕业后就来到集团工作，无论是实际工程还是科研课题，都是抱着小学生的心态在工作和学习。

第一个体会是学习前辈们的设计思想。刚到单位时，正好赶上编辑《共同的遗产》，学习范本是20世纪五六十年代老一辈建筑师们的保护修缮工程。以前在学校曾经参加过实测工作，但真正看到老一辈建筑师的图纸，感觉手绘图纸非常精美漂亮，而且直观清晰。编书时，将手绘图纸重新描绘成CAD图的过程感觉就像手谈，慢慢体会前辈们当年的修缮设计思路、当年的工作报告编写方法以及设计思想，等等。编书的过程中，唐总、张总等总师对编写工作极其认真负责，仅文字稿就审校了三遍，这些都值得我们青年建筑师学习。

第二个体会是在总师带教中学习态度和方法。感谢上海院等兄弟院给我们学习的机会，让我们接触一些大型的保护利用工程。这使我们可以学以致用，同时在实践中继续思考并汲取新的知识。我有两点认识。第一，正是因为以唐总为代表的总师们有几十年的工作实践经验的积累，对建筑有着深厚的感情和了解，才能在历史建筑保护领域做出如此成绩。坚持保护的原则，做好保护与利用的平衡，切实解决实际问题，等等。所以说，设计师的成长，离不开工地。第二，保护利用工作的前期考证难点，在于认真读懂老建筑。读懂老建筑有几个途径。首先是看老图纸，上海租界区的老建筑图纸非常丰富，法租界有一幢3000平方米的老建筑，图纸有100多张，全是用A1的硫酸纸以自动铅笔尺规作图，细致到木螺丝的螺纹，考证发现这是法租界公董局公共工程处技术科的图纸，大体类似于今日我们国有大院。但老图纸也有欠缺，比如有些归档图纸只是方案图纸，这会给我们的设计工作带来困扰。一般英租界的老建筑，原设计图纸大体上有二三十张，加上几张彩色渲染图，简单明了。其次，需要回到现场继续考证，老房子虽然不会说话，但仍可以从细节中发现问题。有时，还要去查几十年以前的老报刊、老照片，以了解实际的建造与变迁改造情况，使建筑的历史信息得以更加完整。这些都是我们读懂老建筑的工具。第三个体会，是从团队协作中学习合作的方法。比如管线综合，就要求建筑师牵头去做。如果没有这个工作，工程将无法继续深入开展、进行下去。各专业的配合，现场各工种的协作，远超出图纸上的表达范畴，许多问题都要及时发现、分析并解决。保护利用工程的比选方案和未采用的方案也有很多。正是因为有许许多多的看不见的工作的保证，才能够确保工程正常开展，大家都是以严谨的态度和科学的方法来工作。工程竣工后，我们的工作还没有完，还有工程小结、项目手册、图纸归档等许多工作要做，总师会一步一步教给我们怎样做，再将方法及时总结、运用到后边的工程当中。我认为，设计师要沿着正确的方法进行不断地尝试与实践，因为每一处老建筑都会遇到不同的问题。解题的思路有相近之处，按唐总的话说，就是“注重设计的科学性与系统性”，还要有逆向思维和非标设计的意识。在实际工程中可以学到许多其他专业的知识，看到总师和各专业负责人所展现的不同的解题思路，了解到他们的工作方法，为我今后的工作打下非常好的基础。此外，有机会参与结合实际工程所开展的应用性的科研课题研究，这与高校的课题选题有很大区别。我也会保持一个学生的心态继续实践和研究。

（华东建筑设计研究院有限公司历史建筑保护设计研究院建筑师）

**邹勋：**我讲几点我的体会：唐总前面介绍，保护加上合理利用，才是历史建筑的传承之道。我们一直是按照这个思路来做设计的。

第一，我们原来的理论研究一直强调最小干预、真实性等原则，而设计实践中更需要将保护原则转化为具体可以操作的设计策略。在很多地方，单纯只说保护忽略利用，往往面临资金不到位、使用者不是最佳人选、修缮不及时等问题，这种保护很可能就断绝了历史建筑的生命，不是可持续的保护。如果单纯讲利用，往往出于商业利益，建筑被改得面目全非，投资商只是想到短期内的回报，没有长期的保护设想。因此，我们的设计，就是平衡两者的关系，将历史建筑保护好。

第二，在做历史建筑保护设计的过程中也是建筑师学习的过程，特别是我们对上海历史建筑的理解在逐步加深。20 世纪 20、30 年代的上海，在建筑设计、建筑管理甚至建筑施工等方面的专业水准，不弱于我们现在的建筑行业水平，在某些方面甚至强于现在。首先，当时有许多好的城市建设规定，当时的上海市工务局工务处制定了许多城市建设章程，以控制城市形态。其次，通过翻看历史图纸，发现当初的建筑师建筑设计水平很高，许多建筑有很好的空间序列，很重视人的空间体验，但遗憾的是，在后续使用过程中，这种有序的设计被不同程度地破坏了。比如，现在我们关注到的节能问题，当初的建筑设计已经考虑到，建筑师在墙体和风管节点设计中加入了保温材料，显著提高了使用者的舒适度。当初自己从学校毕业后曾想到要设计出许多有个性的新建筑，无知者无畏。但是了解到许多真实的历史情况后，让我越做越有畏惧的感觉，面对历史很敬畏，很谨慎地对待历史环境，很慎重地保护和改造，希望能将建筑很好地传承下去。

我有幸参加了上海历史文化风貌区道路保护规划的设计工作，也参加了上海传统村落调查的工作，受到很大启发。我感觉，我们现在对大城市内历史建筑的保护工作做得较好，比如上海、北京、天津等，但大城市郊区的保护工作有差距。另一方面，应重视各地区小城镇的保护工作，我的家乡是一个历史古镇，小镇的环境非常好，但随着城市化建设步伐的加快，小镇的命运也岌岌可危，整体环境快速被破坏。它们的城市化如果只是要建高楼大厦，要与城市接近，就很值得担忧。郊县的领导有些还弄不清楚保护和发展的辩证关系，上海郊区有好多这样的小镇，认为传统村落是现在建设出来的，是社会主义新农村建设的内容，其实反映的是保护理念、保护教育在基层干部中的缺失，令人非常担忧。这次进行上海传统村落调查，也就只有 5 个基本上满足国家制定的传统村落的标准。这 5 个可以说是保留了上海风貌的特点，应该对其认真保护，更应该赶紧抓紧时间记录下来。

最近微博上有个段子：马清运说当前的城镇化建设中，应该让清华建筑专业毕业的学生去农村当村长，这样的话，我们的村镇就有救了。段子也反映了专家对农村城镇化建设中专业力量缺失的忧虑。

最后，我认为，媒体要以学术的观点，旗帜鲜明地树立保护的正面观念，加大宣传力度。同时，政府制度上，要鼓励社会力量和民间资本进入其中。我们大家一起把历史建筑遗产的保护传承工作做好。

（上海市建筑设计研究院建筑师）

**宿新宝：**在座各位中我接触历史建筑保护工程的时间可能最短了，记得刚到公司时第一次见唐总，唐总问我是哪里人，我说我是山西人；又问我在哪里上学，我说在南京。唐总若有所思地说：不是上海人，又不在上海念书，对上海的城市性格缺乏必要的了解，对上海的历史建筑和文脉也缺乏了解，如果缺乏一种对历史建筑的感情的话，那么对上海历史建筑的保护也只会当工作去做，而难以投入感情去当事业来做。历史建筑是城市重要的文化资源，必须投身其中才能真正做得好。

随着工作的开展，我渐渐也理解了唐总的顾虑和良苦用心。我生长在文物大省山西，对历史建筑从小耳濡目染，或许每个山西人也都在骨子里有种对文物、对历史建筑的淳朴的认识。后来本科就读建筑学专业后，研究生就选择了这个专业方向，毕业后在唐总和这个团队中被潜移默化地影响。为了快速地进入角色，从城市史到建筑史、从风情史到方言，努力去了解和解读这座城市，也在每项工程的不断积累中，对这座城市和它的建筑、人文建立感情，将感情投入工作之中。也只有带着这份感情，才能在市场经济的今天，满腔热情而又耐住寂寞地从事复杂、烦琐的历史建筑保护工作。

（华东建筑设计研究院有限公司历史建筑保护设计研究院建筑师）

**罗超君：**我们的建筑遗产保护观经历了从最早朴素的“修葺一新”到“修旧如旧”（其中不乏为了迎合大众怀旧心理的刻意做旧），到后来较为客观的“修旧如故”；我们现在的建筑遗产保护工作说到底是针对保护过程中的人为干预在主张和反对之间寻找平衡点。是否要在建筑的自然生命周期中对其进行人为干预——反对干预的，尊重建筑的自然衰亡，看似是最真实的对待历史的态度，却太过消极；主张干预的，有积极的保护态度，但结果并不都是好的，不少因为对历史的无知而造成的“保护性破坏”更是南辕北辙。我认为我们保护的工作应该要在其中找到一个平衡点，这个点怎么定取决于对建筑遗产价值的分析和评价。

在我国的文物法及其他一些建筑遗产保护规范、条例中，比较通用的价值体系包括历史价值、艺术价值和科学价值三方面内容；国外的保护理论中有更多细分，不仅关注其建造年代和纪念意义（主要反映的是建筑遗产的历史价值），对其当下的使用和社会价值还有艺术价值也有同样的关注。我们的保护工作就是建立在对以上各类价值的综合分析判定的基础上的。

通常而言，建筑遗产的历史价值或艺术价值会占到上风，然而也有例外，如名人故居、革命纪念地这类建筑遗产，其价值主要体现在重要历史事件或人物在建筑上叠加的历史信息带来的纪念意义，这也可以说是一种历史价值，但与建筑本体与生俱来的历史价值不同。对这类建筑遗产的保护主要强调的是静态、永恒的纪念意义，以我们集团早期的保护工程中共“一大”会址为例，在建党初期极度困难的条件下，会址选在了当时相对安全的法租界石库门里弄住宅中，会后仍作为住宅，几经转租，改动较大，期间还一度租与商户，改造为面坊，室内布局面目全非，给会址的保护带来了巨大的困难。保护工作从建党初期的史迹调查入手，通过对党史资料的反复查证、当事人访谈、回忆和辨认，按会议时的原状恢复，拆除后期改建、加建部分，并按当年原样绘制了家具详图，按图仿制家具并按原样布置，全然恢复革命纪念地原貌。不同类型的建筑遗产保护关注的价值取向也各有不同，如我院近年完成的陕西南路—复兴中路风貌保护规划项目，保护工作从道路形成、演变的历史沿革出发，收集与风貌道路相关的当时法租界的规划图纸及各类建设规章制度，从用地功能分区、规划路幅宽度、道路界面、道路铺设及行道树的种植等方面分析道路风貌特征及其背后的成因，又对沿线的历史建筑风格及历史人文信息作了充分的调查、整理、分析，体现了保护实践对集体记忆的关怀。

和平饭店北楼东立面，2010年（陈伯熔摄）

专业细分有时会带来对本专业过度聚焦和放大的副作用，对建筑遗产的保护工作也常常聚焦建筑本体，往往容易忽略其时代背景和社会价值的重要意义，恰恰这部分内容是构成集体记忆的建筑遗产价值的重要组成部分。建立在充分掌握历史资料基础上的价值分析和评价是保护工作的关键环节，除了严谨、科学的态度外，我们需要更多的人文精神和社会责任感。

（华东建筑设计研究院有限公司历史建筑保护设计研究院建筑师）

来论

# 住宅设计及住宅产业化

黄　汇

安居是社会根本性的需求，安居的需求随时代演变而时时在变。今天，为了适应 21 世纪的社会需求，应该研发以循环型经济社会为背景的住宅。我国国家产业政策明确建筑业是国家的支柱产业之一，当前正处于重要的转型期。住宅建设更是建设资源节约型与环境友好型和谐社会的重要内容。设计人员必须清醒地看到这个新的立足点。这是国家大事。

## 一、求发展的大环境

1. 面对新形势、新起点应该有新认识、新思维和新的工作模式。
增长≠发展；生活水平≠生活质量。传统发展观是线性的，方法常是效仿走在前面的国家。新的发展观要全面关注实质性的发展，方法是注重继承、改革、创新。国家正在强调转变发展模式，由资源型发展模式逐步转变成为技术型发展模式，即依靠科技进步、节约资源与能源、减少废物排放、实施清洁生产和文明消费，建立经济、社会、资源与环境协调的可持续发展的模式。第十二个五年计划确定应转型升级，提高产业核心竞争力，发展结构优化、技术先进、清洁安全、附加值高、吸纳就业能力强的现代化产业体系。
2. 中国人类住区可持续发展目标与重点领域《中国 21 世纪议程》提出的发展目标是，建设规划布局合理、配套设施齐全、有利工作、方便生活、住区清洁、优美、安静、居住条件舒适的人类住区。
《中国 21 世纪议程》规定的重点领域为：
（1）城市化与人类住区管理；

（2）基础设施建设与完善人类住区功能；

（3）改善人类住区环境；

（4）向所有人提供适当住房；

（5）促进建筑业可持续发展；

（6）建筑节能和提高住区能源利用效率。

3. 住宅建设需求和建设趋势的有影响力的关键因素

（1）住房需求 —— 城乡人口；
人均住房状况；
人均收入；
租购能力（恩格尔系数）。

（2）土地、建材等资源供应 —— 控制大户型建设量；
容积率设下限；
推行绿色建筑。

（3）运作环境 —— 市场化；
住宅性能评价；
产品、部品标准化；
住宅产业化；
新技术研发；
模拟分析。

（4）政策 —— 房贷、金融；
保障性住房建设；
市场调控。

4. 联合国经济社会事务部在《指南》中指出：

“建筑产业化是本世纪不可逆转的潮流”；

“对一些发展中国家来说，拒绝产业化，将导致更加不发达”。

## 二、住宅产业和住宅产业化

住宅产业 ≠ 住宅产业化。

1. 住宅产业。

生产、经营以住宅或住宅区为最终产品的事业，同时兼属第二和第三产业，它包括住宅区规划和住宅设计；住宅部件（包括材料、设备和构配件）系列标准的制定、开发、生产、推广、认证和评定；住宅和住宅区的建造、维修和改建；住宅和住宅区的经营和管理。

2.住宅产业化。

联合国经委会界定了其内涵：

生产的连续性 —— 形成产业链；

生产的标准化 —— 配件及产品的多次利用及互换性；

生产过程的集成化；

工程建设管理规范化；

技术、生产、科研一体化 。

## 三、世界住宅建设及其产业的发展

1. 历程。

第一次世界大战前，在工业革命的推动下，就有了把住宅建设作为工厂产品生产的呼声和实践，但仅是零碎的亮点。

第二次世界大战后，大量被战争摧毁的城市需要快速重建，为住宅工厂化生产的发展创造了机遇。

战后，多个国家和地区遇到了自然灾害，特别是大地震，灾后快速重建经济型住宅的需求也成为发展的重要推动力。

20 世纪 60 年代初，欧洲在战后伴随经济复苏而来的住房改建热潮也要求提高建造速度，要求现场的旧房拆除以后，以最快的速度完成新房建设，以缩短居民在外暂居的困难时段。但这种改建和战后、灾后重建很不一样，其要求是住宅产品有较高的舒适度、个性化的空间构成及设施的可变性。荷兰的 SAR 体系领先满足了这一需要，由此扩展到德国、美国等其他国家。随后，荷兰的先行者又前进一步，创建了更为完善并先进的新体系——Open building 体系，该体系在美国的应用更扩展到宿舍和医院的建设中，而且，由建造转为制造，向形成完整的产业链发展。同时，日本的前田、丰田等大企业在引进了荷兰等欧洲国家的技术后，大力进行二次研发，使之本土化，并且花大力气培训技术工人，使产品精致化。他们提出了“像造汽车一样造房子”的口号，并以企业为主体，筑就完整的产业链。目前，我国一些单位在住宅产业化进程中照搬日本的生产和建造技术。这一做法可能由于技术和技能条件的差异，存在一定的风险。但由此认识到，日本把国外先进技术本土化和提高技能的努力值得国人学习。

二战结束后数十年，国际上的主要情况是：

（1）住宅建设面积和投资均在建筑业中占主导地位；

（2）从注重建筑发展到注重居住环境；

（3）工业化速度不断加快。其表现为：

① 从专用体系向通用体系发展；

② 在标准化的基础上发展多样化；

③ 从规划、计划、设计到生产施工、管理等环节采取“一贯生产体制”；

④ 住宅类型日趋多样化；

⑤ 大力开发各类住宅产品，并实行认证制度；

⑥ 重点逐步转向对既有住宅的有效利用。

⑦ 对住宅进行性能评价，并予以公布；

⑧ 根据家庭生活阶段变迁（分夫妻、核心、联合、老年），建设多样化（含不完全家庭）住宅，并努力提高住宅户内空间及设备、设施的可变性。

2. 世界住宅科技发展趋势

欧盟、美、日等发达国家和组织持续发展以标准化、系列化、通用化住宅建筑构配件、部品为特征，以专业化、社会化生产和商品化供应为基本方向的住宅产业化体制。

（1） 采用高新技术改造、提升住宅产业；

（2） 住宅产业的技术研究与环境治理、城市建设相结合；

（3） 注重技术转移与研究成果的企业化；

（4） 加大住宅科技研发的资金投入。

3. 各国发展的提示

20 世纪 80 年代末，正当北京等各地装配式住宅的采用率下滑时，在欧洲，20 世纪 60 年代开始拆除战后所建的装配式住宅。但却使更新的住宅产业化体系再度辉煌，而且上升到更高的高度，影响着美国、日本。

这是值得我们深思的问题。

## 四、我国住宅产业化的历程

1. 我国住宅建设的发展历程——十一个五年计划。

第一个五年计划（1953—1957 年）；学习苏联，多层混砖，大户型。

第二个五年计划　（1957—1962 年）；重视人民需求，调查；工业化。
第三个五年计划　（1966—1970 年）；停滞，质劣，标准降低。
第四个五年计划　（1971—1975 年）；高层；工业化；框架轻板等不同体系。
第五个五年计划　（1976—1980 年）；改善功能；标准化；工业化；多样化。
第六个五年计划　（1981—1985 年）；改善功能；标准化；工业化；多样化。
第七个五年计划　（1986—1990 年）；高层；研发；工业化；多样化。
第八个五年计划　（1991—1995 年）；提高标准；多样化（市场化）。
第九个五年计划　（1996—2000 年）；提高标准；奔小康；多样化（市场化）。
第十个五年计划　（2001—2005 年）；提高标准；奔小康；产品、部品发展。
第十一个五年计划　（2006—2010 年）；个性化；政策保障；绿色；健康。

2. 改革开放前的二十多年，我国住宅建设有很大进步和发展，但仍处于手工操作水平。1978 年前后，住宅建设政策研究的先行者林志群先生曾一再著文立说呼吁“住宅建设应该以建筑工业化谋发展”，他和许溶烈先生共同提出住宅产业化的内容是“四化、三改、两加强”。“四化”指：房屋建造体系化、制品生产工厂化、施工操作机械化、组织管理科学化。“三改”指：改革建筑结构、改革地基基础、改革建筑设备。“两加强”指：加强建筑材料生产、加强建筑机具生产。他们三十多年前的主张至今仍然很有指导意义。
3. 20 世纪 80 年代，在以政府为主体的体制下，全国许多省市建立了多种住宅工业化的生产链，各地工业化水平不同，原料不同，拼缝及节点做法不同，但产品差异不大。北京、上海、天津、沈阳、南宁、四川、湖南、浙江、河北都有各自的产品体系，也都建设了一些住宅小区。
4. 20 世纪 90 年代初，当时的建设部颁发并实施了国家行业标准《装配式大板居住建筑设计和施工规程》JGJ 1—91。
5. 20 世纪 80 年代末至 90 年代初，防水等技术质量问题逐渐暴露，同时在商品住宅个性化、欧化和豪华的市场需求浪潮冲击下，全国住宅产业化的进程骤然止步，生产线都被悄然拆除了。

## 五、北京地区钢筋混凝土装配式住宅建筑的发展历程

1. 从装配式建筑的生命力着眼，曾有过领先的技术和辉煌的应用场面，挺立在北京的建设平台上二十多年。

2. 据不完全统计，在成片建设的居住小区内建成了 1000 多万平方米的多层及高层住宅。
3. 有专业基本齐全的设计、生产、建造实体和研发平台。
4. 北京钢筋混凝土装配式住宅经历了三个阶段。
（1）从 20 世纪 50 年代初向苏联学习起步，开展了住宅的标准设计，并陆续建设了多个构件厂，直至 20 世纪 80 年代初建造了多个以预制装配式住宅为主的住宅小区。当时仍为住宅产业发展阶段。
（2）20 世纪 80 年代，北京市政府调兵遣将，成立了北京市住宅建设总公司，承担策划、设计、科研、构件制造、运输、安装、施工、装修、运营，直至搬家入住，建立了完整的住宅生产建设产业链，其所属的第三构建制造厂一度在生产能力和技术方面成为亚洲最先进的企业。
国家建设部于 1991 年颁布了现行国家行业标准《装配式大板居住建筑设计和施工规程》（JGJ 1—91）。当时的努力使北京开始进入住宅产业化的时代。 这本来应该是一个很好的新起点。但是，为什么却逐渐步入下

坡路，直至消失。至今，没有什么有控制力的单位组织力量认真总结这一代价惨重的教训。时过境迁，知情人已不多了。
经粗略推测，采用不同寿命的不可更换材料，维护和维修工作滞后及未实现住宅多样化，不能适应住宅产品商品化的需求等是这些生产链瞬间消失的原因。

同一时期，全国的装配式住宅也瞬间消失了。
也许，对装配式住宅的抗震能力研究不足及引进苏联的装配式建筑而没有本土化是根本性的死因。
如今，应该对这些产业链的生死经历科学地进行总结，找出我国实现住宅产业化的正确途径。
（3）2007 年以后，开始了新一轮的住宅产业化工作，技术手段基本上是模仿日本的模式。但至今仍处于投资方、设计、制造、施工等各企业独立分项、分段委托—承包的合作方式，并未构成完整的产业链，尚难称之为“住宅产业化”。

## 六、住宅产业化的设计工作

1. 住宅产业化需要对全产业链的程序和全部主要参数进行分析、研究，提出策划性方案，经过试验、测试、论证确定对全产业链的策划。许多发达国家的大规模钢筋混凝土集合住宅产业化历程从 20 世纪 60 年代起步，至今节节高升的原因可能就在于其策划和操作过程的科学性。在多数国家内，策划和操作完成的主体是有强大实力的房屋建造企业，因此，各企业有其品牌下的体系。
住宅产业化是通过产业链的运作生产“住宅”，“住宅”这种产品在服务对象方面和 IT 行业一样，用户的构成和同一用户的需求随时都在变化；但“住宅”和 IT 产品的本质和生产运作方式很不一样。住宅成本高，寿命长，难以随时升级、更新甚至换代。所以，规划中，调查依据之可靠性、目标的前瞻性和在远近期的需求、成本、利润和技术、可实施性等方面权衡的科学性都对成败有举足轻重的作用。浮躁地创造“业绩”则难免日后会受到失败的惩治。
2. 住宅产业化中的设计工作是整个住宅生产系统工程中的一个重要环节，必须认真处理：
（1） 构件定型化和户型、造型多样化的关系；
（2） 空间及设施的可变性和经济性的关系；
（3） 结构安全性和减少现场湿作业的关系；
（4） 吊装就位和后浇部位的质量保证问题；
（5） 多种管线、设施、设备的快速准确就位问题；
（6） 多工种同时错位施工问题等。设计工作应全面着意于整合整个产业链中每一个环节的需求。
3. 住宅产业化要求住宅设计必须标准化。住宅设计标准化要求设计做到：
（1）符合住宅设计的相关规范和产业链中各个主要环节在其规范化的运作过程中及针对不同项目的特殊操作过程中对设计的要求；
（2）符合策划定位；
（3）符合模数标准；
（4）与研发性科研工作接口，并依照住宅标准设计（通用设计）的运作模式对设计进行优化；
（5）针对每一体系建立明细的采用目录，并规定采用项目的完成图格式。
4. 每一个体系的生产寿命取决于设计在当前的适用性和技术定位的前瞻性。因此，当前进行体系设计时应按绿色设计的要求定位。
5. 设计图纸分为每一个体系的专用图纸和工程项目图纸两部分。
（1）体系的基本图纸应包括：
① 对采用原则及对材料、制作、运输、吊装、施工、装修及维护保养的规定；
② 体系的基本空间、基本户型、基本组合体清单及图纸；
③ 完整的板型及构配件清单及每一个标准构配件的加工图纸；
④ 各种拼缝标准做法大样；

⑤ 各种标准节点做法大样。
（2）工程项目施工图纸应包括：
① 工程项目基本图纸及设计说明；
② 构配件采用表及安装部位图；
③ 标准拼缝做法采用表及所在部位图；
④ 标准节点做法采用表及所在部位图；
⑤ 本项目专用拼缝做法、节点做法及所在部位图。
6. 应重视全产业链合力打团体赛，减少各个子系统间的内耗，提高住宅体系全寿命周期的性价比。
7. 体系的设计及做法继承民族传统，体现地方特色。

## 七、四点建议

1. 从事住宅产业化的设计人员需要改变思维方式，必须全面地策划，关注住宅生产、运输、吊装、装修、营销和居住、维护等全过程的各个环节，进行全面整合，并进行绿色设计。
2. 应认真分析适应性的需要，深入进行标准化设计。
3. 转换思路，打开住宅产业化生产的多样化大门。
4. 继承中华民族建筑标准化、装配化的文化传统，总结20世纪80年代住宅产业化成败的经验和教训，在更高的新起点上再创辉煌。

（北京市建筑设计研究院有限公司
2A2设计所顾问总建筑师）

# 人生的四种选择

耿彦波

## 读书

首先是读什么书。要成为一个有用之才首先要读书，多读书。诸葛亮在《诫子书》中讲，非淡泊无以明志，非宁静无以致远。夫学需静也，才须学也，非学无以广才，非志无以成学。读书要静下心来，心无旁骛。非学习不能增加自己的才华，非宁静不能成就远大的理想。曾国藩说：人之气质由于天生，本难改变，唯读书则可变化气质。西方哲人培根也讲过：读史使人明智，读诗使人灵秀，数学使人周密，自然哲学使人精邃，伦理使人庄重，逻辑修辞使人善辩。吴晗先生说：要想学问大，就要多读、多抄、多写。余秋雨先生说：阅读的最大理由是想摆脱平庸。读书重要，读什么书更重要。要多读经典，少读流行。现在属于知识爆炸的时代，网上有很多流行的东西，信息实在太多了。我们面对那么多的诱惑和选择，但那些都是快餐文化、流行文化，就和流行服装一样，过去就烟消云散了，浪费时间和精力。南怀瑾先生曾经说过，现在的教育是有问题的，小学学的东西到了初中就没什么用了，初中学的东西到了高中就没什么用了。从小打造人生的基本功，从小就开始背《三字经》《大学》《论语》《孟子》《中庸》，年轻时打下基本功，一生都忘不了。年纪大了，今天的记不住，以前的忘不了，该忘的忘不了，该记的记不住。在年轻的时候一定要多读经典。

什么是经典？经典就是人类文化的精华，是圣贤的治学之道，是人类文化智慧的结晶。就是用权威的知识告诉人们文化的根本在哪里，做人的基点在哪里。古人太伟大了，人生的哲学问题从来就没有新问题。

伏羲画卦大约是在七千年前，就创造了《易经》这门深奥的学问，这是打开宇宙人生奥秘的钥匙。《易经》所阐述的基本问题，今天仍然是人生的重大问题。孔夫子说：假我数年，五十以学《易》，可以无大过矣。意思是假如时光倒转，五十岁时读了《易经》，就可以少犯过错。中华民族几千年生生不息，就是因为我们有伟大的圣贤。孔夫子在世时没有被重用，甚至被称为“丧家犬”。他呕心沥血、孜孜以求地传播学问、整理文化的精神是可敬的。以前的六经都是刻在竹简上的，散落的，一根竹简也刻不了多少字，将散落的六经修订好的就是孔夫子。如果没有他的整理，先古文化可能就失传了，就不会传承到今天。虽然他未被当世所用，但是成了千秋的圣贤。孔夫子“读易老而忘忧，韦编为之三绝”，“夫子老而好易，居则在席，行则在橐”。当时的竹简是由牛皮绳编在一起的，“三”代表多，韦编三绝就是说孔夫子翻《易经》翻得使牛皮绳断了很多次。老夫子呕心沥血地整理中国的文化，使中国文化始终站立在世界的高峰。所以说中国人都是中国文化人，是吃中国文化长大的。

经典告诉了我们做人的基本道理，如何进行人格的修炼，如何做到“内圣外王”。“人皆可以为尧舜，非不能也，不为也。”所以要读圣贤之书，少读流行，当然流行的也可以在网上看看，浏览一下天下大事，但是不能整天沉迷在那些东西里。快餐文化有色素，还有其他不好的东西，就像现在的小孩子不该胖的胖起来了，就是因为饮食中有激素，这违背人生之道，违背自然之道。要沉下去读些经典，比如《易经》《论语》《孟子》等。现在经典很好读，有好多的注解。比如读《论语》可参照读钱穆先生的《论语新解》。下功夫读经典，只有读经典才能感受到人类的智慧、思维达到了什么样的高度，能感受到伟大的思想体系和经典的精神力量，才能有文化的底气和文化的根本。人生最重要的是要有基本功，垫底的就是国学基础。把古人的东西变成自己的东西，知道做人应该怎么做，人格理想是什么，对社会应该承担什么责任，这些基本功要练好。

过去讲儒、道、佛三家，中国可以把所有外来文化都同化为中国文化，包括佛教文化也完全是中国化的佛教文化是把儒家文化融合到佛教文化中使它进一步成长。儒道佛三家对人生都是有用的，所以叫“以佛修心，以道养身，以儒治世”。所谓“以佛修心”是从名利和贪欲中解脱出来，获得精神的自由和快乐。“以道养生”是道法自然、顺应自然，“与四时合其序”，符合自然天道的变化，符合春种、夏长、秋收、冬藏的自然规律，符合天道、地道、自然之道。“以儒治世”是用儒家经世致用之学来修身齐家、治国平天下。古人提倡以出世之心对待入世事业，以看淡名利的心情来对待入世的事业。读经典要把经典当作一种终生旅行的方式，人的生命方式。在人生的旅行中有经典的伴随将会是一个快乐的人生。

有人总结读经典有三个过程：首先是忍受，读经典时不可能像读小说那样快乐轻松，半醒半睡都可以读，读经典时要头脑清醒，深刻思考，忍受寂寞和枯燥；第二是接受，由忍受到接受就进入了新的境界；最后是享受。明代的王艮说“乐学”，“学是学此乐，乐是乐此学；不学不是乐，不乐不是学”。快乐是因为学习经典，学习是学习经典的快乐；不快乐就不叫学习，不学习不知道什么是快乐。穿越千年和古人对话是一大快乐。曾国藩讲，“君子有三乐，读书声出金石，飘飘意远，一乐也；宏奖人才，诱人日进，二乐也；勤劳而后憩息，三乐也。”读经典要读马克思主义、毛泽东思想、邓小平理论等重要著作，增强理论思维，提高工作的预见性、原则性和系统性。同时还要读有关业务的书，干一行爱一行，要爱岗敬业。干哪一行要成为哪一行的专家，不当知识分子也要当知道分子，不能一问三不知，“以其昏昏、使人昭昭”是不行的。

读书修炼应向古人学习。曾国藩是一座高山，令人高山仰止。他终生进行自己的人格修炼，在道光二十年，也就是他不到三十岁的时候就给自己定了课程表，其中有十二项内容，后来被称为曾国藩的读书“条规”。

第一是“主敬”。“整齐严肃，无时不惧”。第二是静坐。正位凝命，如鼎之镇。每天察思自己的过错。第三是早起。黎明即起，醒后决不沾恋床。第四是读史。曾国藩是个农家子弟，当年他在外读书时借钱买了《史记》。他父亲给他的信中说买《史记》可以，借的钱父亲替他还，但是希望他每天要读，这样就不辜负父亲的一片心。曾国藩立志坚持，“每日圈点十页，如果中断就是不孝”，他把读书和孝联系了起来。第五是写日记。曾国藩一生写日记从不间断，日记是他人生修炼的百科全书。第六是日知其所无。就是要每天知道以前不知道的。第七是月无忘其所能。每月要检点自己学的东西是否有丢掉的，每月要作诗文数首。第八是谨言。就是非常注意自己的言行。第九是养气。

养浩然之气。第十是保身。就是节劳、节欲、节饮食。第十一是作字。每天早饭后写字半小时，一生没有间断。第十二是夜不出门。旷功疲神，切戒切戒。

榜样的力量是无穷的。“以人为镜，可以明得失”，以曾国藩为镜，可以正心诚意，修身养性。圣贤之道从修养始。

## “走路”

其次是走什么路。天下的路有大道有小道，有人觉得大道太难走、太漫长，总想走小路、走捷径，所以人生常常有机巧之心，投机取巧。要真正成就事业要走什么路呢？“天道忌巧”，“天道忌盈”，“天道忌贰”。

“天道忌巧”。天道是厌恶投机取巧行为的。“唯天下之至诚，胜天下之至伪；唯天下之至拙，胜天下之至巧”，“大智若愚，大巧若拙”。一分辛苦一分收获。“天道忌巧”，投机取巧的路是不会长的。鲁迅先生说过“捣鬼有术，也有效，然而有限”，走了捷径可能有效，但是有限制的，是行而不远的，人生一定要下笨拙的功夫。凡是成就事业都是这样，都是非常辛苦的，都是长期劳心、劳力的结果。天上不会掉馅饼，人间没有免费的午餐。不要相信什么策划，有一个主意就能上了天，能一夜暴富，世界上没有那样的捷径可走。人生就是一步一个脚印走出来的。什么叫路，一步一步走出来的就叫路，要踏踏实实地走自己的路。孟子讲“源泉混混，不舍昼夜，盈科而后进，放乎四海”，泉水滚滚涌出，日夜不停，注满洼坑后继续前进，最后流入大海。古人讲的都是从生活中提炼出的最高的人生哲理，我们要当老实人，一步一步向前走，要下苦功夫、笨功夫，千万不要思巧，巧害人。孔夫子在《论语》中讲“巧言令色，鲜矣仁”，投机取巧、当面阿谀奉承的人很少有“仁”，一般都是小人。曾国藩写过一副对联，“打仗不慌不忙，先求稳当，次求变化；办事无声无臭，既要老到，又要精明”。“做事要开张，做人要低调”。朱熹说过“圣贤之言千言万语教人从近处做起，古人于小学小事中得大学大事之道”。圣贤千言万语就是叫人要从身边做起，从小事情中明白大的道理，小中见大。要脚踏实地、兢兢业业，把两脚踩在大地上，不能踩在云中，那样是会掉下来的，那不是我们踩的地方。“地势坤，君子厚德载物”，立足大地才能干出一番事业。

“天道忌盈”。月盈则亏，十五月亮最圆，十六就开始亏。“日中则昃”，这是自然的现象，太阳到了中午的时候就要偏移。曾国藩最欣赏的状态就是“花未全开月未圆”，这是人生的好季节，花开了马上就要凋谢。乾卦的上九说“亢龙有悔”，“贵而无位，高而无民”，太高了就物极必反。《管子》说“斗满人概，人满天概”，斗满了人要把它刮平，人满了老天就不高兴。“天道亏盈而益谦”，天的本性是要使盈者亏损而补偿不满者，盈就是满，就像月盈则亏；“地道变盈而流谦”，地之本性是要使盈者溢出而流向低凹的地方；“鬼神害盈而福谦”，鬼神的本性是损害盈满者而福荫谦下者。孔夫子讲“子不语怪力乱神”，“祭神如神在”，“未能事人，焉能事鬼”，“未知生，焉知死”。“人道恶盈而好谦”，人的本性是讨厌骄傲自满者而喜好谦虚谨慎者。《易经》里有六十四卦，其中有一个谦卦，谦卦是这样画的，上面是坤，下面是艮，坤为地，艮为山。山都比地高，但是要谦虚到把山放到地的下面，把自己放到最底处，这就是谦卦。在所有的卦像中，乾、坤二卦是《易经》的入门卦，每个卦有六个爻，在六十四个卦象中只有谦卦是六爻皆吉。汉代有人说谦卦“大可以保一国，小可以保一生”，人们都喜欢谦虚的人，“水唯能下方成海，山不矜高自及天”。

“天道忌贰”。贰就是有二心，用心不专，不忠诚，无恒心。古人常讲，人无二志，心无二用。无志之人常立志，有志之人立志常。学贵有恒，谋事贵专。成就一番事业，需要有咬定青山不放松的精神，“纠缠如毒蛇，执着如怨鬼”。有“衣带渐宽终不悔，为伊消得人憔悴”的付出，才能有“蓦然回首，那人却在灯火阑珊处”的境界。有“富贵不能淫，贫贱不能移，威武不能屈”的志向，才能有至死不做“二臣”，“人生自古谁无死，留取丹心照汗青”的气节。“人生惟有常是第一美德”。孔夫子提倡“君子不贰过”。人生是老实的学问，“忌巧、忌盈、忌贰”，这是人生的正道。

（山西省太原市人民政府市长）

# 宋庄的悖论

杨　卫

最近几年，常有全国各地的一些官员和投资者到宋庄进行考察，希望借鉴宋庄的发展经验，到不同的地区重新复制出一个“宋庄”。这固然跟近些年中国开始重视文化，大力发展文化创意产业有关。正是文化创意产业的转型，将过去名不见经传的宋庄推到了风口浪尖，使其成为了举世瞩目的文化亮点。这似乎真应了那句“风水轮流转”的俗话，一个地方的崛起就像英雄的出现，有时候并不完全是依仗于自我的努力，而是时势造就的结果。

但是，宋庄经验却是独一无二的，几乎不可能复制。不可复制的原因有很多，最主要的原因还是宋庄与艺术家的深刻渊源。其实，一直都有两个不同的宋庄存在，一个是本地村民的宋庄，另一个则是外来艺术家的宋庄。推动宋庄后来的发展，让宋庄扬名天下的主要还是后一股势力，即宋庄艺术家群体。众所周知，宋庄艺术家群体的前身是“圆明园画家村”。作为中国最早出现的自由艺术家村落，“圆明园画家村”滥觞于20世纪90年代初，当时的社会环境对新艺术和艺术家的自由创作还充满了敌意，所以，于逆境中蛮劲地成长，也使得“圆明园画家村”具有了强烈的理想主义色彩。这正是艺术创造的精神内核，而宋庄艺术家群体恰恰承接了这个内核，尽管物理空间发生了变化，但精神脉络却很清晰，宋庄艺术家群体仍可以被视为“圆明园画家村”的一种延续。

事实上，现在的宋庄艺术家群体，虽然已经从1994年最初的几位艺术家发展到了成千上万，但主体并没有变化，仍然是“圆明园画家村”的一些过来人。即便后来的艺术家与“圆明园画家村”无关，可大都也是冲着那样的一种精神，带着自由创作的梦想而来。这正是宋庄艺术家群体的独特之处，与后来有些地方刻意打造的艺术区不同，宋庄艺术家群体由一根精神纽带相互维系着。有了这根精神纽带，就可以打破地位的悬殊，也可以超越贫富的差异。总之，它能将全国各地不同区域、不同层次、不同身份的艺术家凝聚起来，在同一个物理空间里实现各自不同的艺术之梦。

应该说，宋庄飞速发展起来，就是得益于它的包容与开放，也与后来一届政府的开阔眼界有关。这得回到2005年前后，宋庄的领导班子履新，新一届政府在做了充分的调研之后，改变了过去的执政理念，开始了大规模的“文化造镇”。其中有两个重要举措为宋庄赢得了社会影响与艺术人气，一是组建艺术促进会，二是举办宋庄艺术节。宋庄艺术节在充分尊重艺术自身规律的前提下，调动艺术家自己来办节，并聘请专业人士进行策划，在保障了艺术水准的同时，也使这些外来艺术家在宋庄有了一种主人意识。而宋庄艺术促进会则融合了当地一些较有影响的人士和一些代表性艺术家，使他们在共同议事中消解了许多当地村民与艺术家之间的矛盾。可以说，2005年以后，宋庄艺术家群体迅速壮大，与当时政府推行的这些举措不无关系。正是当地政府的因地制宜、因势利导，使外来艺术家与当地村民形成了一股合力，才使得宋庄飞速发展起来。

我就是在那一时期参与宋庄事务的，确实在那几年深深感到了宋庄欣欣向荣的景象。不过，好景似乎并不长，后来的宋庄又出现了新的矛盾，最主要的矛盾却是发展带来的。由于宋庄的影响力不断提升，知名度越来越大，它作为一个盛名之地，也吸引了越来越多的人来投资开发。这势必会打破宋庄原有的生态，使得宋庄的地价日趋增长。而当地村民迫于生计，又会把这种生存压力转嫁给这些外来艺术家，从而使得艺术家在宋庄的生活与工作成本越来越高。现在的宋庄这个问题已经表现得非常严重，据我所知，就有不少艺术家，包括一些早期来的代表性艺术家，已经相继离开了宋庄。所以，发展的悖论也是宋庄的悖论，而在这个无法阻挡的发展悖论中，不仅别处不能复制宋庄，就连宋庄本身也不可能再重复自己。

（作者为美术评论家）

# 留给自己的设计

曹晓昕

刚上大学的时候，我就开始想，艺术和建筑到底是什么样的关系。这个问题至今也没有想得特别清晰，但是也可以大体梳理一些不同和相同的东西。我觉得相同的东西其实就是艺术和建筑设计，或者说和设计都是一个智慧性的概念。我觉得中国的“智慧”这两个字中，智是可以通过教授、言传、交流学习的，而慧更多是指人们的悟性。正因为慧本身是要人们去领悟的，所以难以通过明确的言语和知识体系来教授。艺术与建筑的关系也是如此。

诚然，建筑设计和艺术二者之间存在很大的差异。我自己也做了一些尝试，包括纯粹的艺术品，也有一些类似时尚用品的艺术设计。对此，我有一个简单的区别方式，当你作为艺术家出现的时候，可以视为一个个体的价值观的独立表达。但是对于建筑设计，人们更多地愿意将它归类为公共艺术。在建筑设计的层面，很多时候建筑师需要隐藏自己的观点，即便说他很多时候还不一定情愿。

在目前这样一个情况之下，长官意志非常强大，如果我们执着坚持自己的设计方案，那么大部分房子将留在设计图纸上。暂不讨论制度的好坏，因为这是一个现状。现在网上关于“秋裤大楼”的评论很多，很多人愿意把建筑文学化，而且用三流的文学和四流的想象去演绎建筑。这从侧面说明，中国的建筑土壤还是非常贫瘠的。

这么多年下来，我认识到，作为一个建筑师，真的不可以在设计中以自我本心的存在来想象这个设计。很多时候，建筑和艺术基本就像两条铁轨一样，它们总是相伴的，但是永远不会相交。一个是公共性的艺术，一个是纯粹的艺术，虽然可能还有一个模糊的词叫公共艺术，但是实际上只不过是一个分类学的陷阱。有的建筑可能在建筑的范畴里可以算作公共艺术，或者有些艺术品放在公共场所也算是公共艺术，这种划分仅仅是一个分类上的陷阱，仅此而已。

其实，建筑和艺术都有各自的内核，都非常清晰，但是实际上二者的外延都相对模糊。当二者结合到一起，其中的关系已经难以分辨清楚，甚至于有时候二者会归为一体。所以，在今天很多建筑师更乐于借助一些艺术品来表达我们的想法。

而在现实之中，我做纯粹的建筑设计，是一名建筑师，而且是知名设计院的专业的设计师。即便如此，我的很多设计思想也难以实现。在现实的决策体系下，建筑师有的非常低微。因为他们提出的方案和想法，需要被他的更上一层，也许是地产商，也许是市长同意。所以，在我的工作室的一些设计项目中，我们会故意用一些便宜的廉价的材料，比如硫酸酯，还有PVC管子来实现一些设计思想。我们希望通过这种想法的表达，来感染周围的人。用最低廉的材料去构建一个高品质的空间，所体现的便是设计的价值。所以，我特别愿意业主到我的工作室来，跟我一起共同感受这样的一个东西，就是用设计来创造价值。并不一定需要用最贵的东西，才能达到建筑的最好效果。我实际上想传递这样一个信息。

（中国建筑设计研究院副总建筑师）

# 谈王澍建筑思想的批判精神

郑黎晨

王澍是我的大学同班同学，他获得了 2012 年度普利兹克奖，这令我重温了我们在南京工学院同窗学习的时光，更多地引发了我对王澍的专业和学术成就的思考，那便是王澍的建筑思想具有鲜明的批判精神。

在读本科和研究生的时候，他批判当时的中国大学的建筑教育，认为当时的建筑教育没有给予学生对建筑本质的认知，脱离了中国的传统文化，脱离了当下的城市建设和建筑实践，学校照搬一套西方的陈旧的建筑教育模式，而那种教学模式已经失去了存在的文化和历史背景环境。建筑的本质是城市的发展和市民的社会生活方式。王澍更崇尚近 100 年以来现代建筑大师们的建筑实践和对建筑本质的探索，尤其是大师们具有批判性的思想。现代大师们以智慧和对人类的责任——人文关怀精神——开创了现代建筑运动的伟大时代，并取得了辉煌的成就。

王澍对职业的追求贯穿着持续的对建筑本质的思考，以及在此基础上对现实的批判精神，并且顽强地实践他的设计理念。正如王澍称自己是文人，或者是具备文人气质的建筑师，因此他认为思想比灵感具有更持续的价值。中国的文人始终对社会持某些批判的态度，通过文人建筑——江南园林——寄托对人生和社会的期望。中国园林是中国建筑的最高成就，代表中国的文化精神和思想，所以王澍对中国的文人建筑——园林怀有更深的情感。王澍称现在的中国已经没有文人，但他又希望建筑具有思想的属性，这就是王澍对建筑思想内涵的自我完善方式。

王澍批判中国几十年的城市建设和建筑无视中国的文化和历史，这种城市建设和建筑漠视城市的文脉和差异化的生活方式。王澍坚持用他的思想进行建筑设计实践。他对中国园林的空间意象和意境以其独到的方式表现在他的所有作品里。通过对文脉的传承和对文化的表现，抵抗中国的大规模的标准化城市建设运动，这时他感到了弱势，但骨子里的文人情节让他矜持，与现实保持距离，但同时在努力与坚持。

王澍批判标准化的泛滥，即像对待病人一样，面对建筑使用者的多样化需求而提供肤浅的设计和产品。在谈到他的象山校园的室内光照不足时，王澍解释道：并非每个人都喜欢非常明亮的照度，人的性格和情绪等都影响其对环境因素的感受。在照明设计中我们需要不同的照度和色温，以创造多样化的空间气氛。王澍正是在设计中关注了更多的人的生活情境，他甚至设想在自然环境中教学，表现出他对生活深刻而浪漫的畅想，体现了建筑是生活的场所，对场所中人的尊重。对照当下中国城市和建筑的抄袭或者称之为工业化，王澍的建筑思想是否会引发每个建筑师、开发商以及掌握权力的城市管理层的思考和改变？

也许是巧合，我的建筑师生涯有多于 5 年的时间是做园林设计和景观规划的，对中国的传统园林与现代的景观设计理论进行了对比和思考，并且在同一时期系统学习和研究了生态理论。跨专业和跨学科知识的融合形成了我对建筑师、建筑以及城市的理解，成为我做设计的理念和基础。

人类文明发展经历了农业文明、工业文明，正在向生态文明发展和转化。国际社会在可持续发展主题上达成了普遍的共识。全球的建筑师在这个转变和转型的时期扮演了比历史上任何时代都更加重要的角色。新的技术和手段加速了大规模城市化在全球的进程。在快速发展的同时，城市化对自然的严重破坏，对资源的吞噬同样令人担心。已经有专家学者按照目前的人类消费速度，统计和计算出我们的石化能源只能维持 50 年。

但同时，现代科学和现代文明正在飞跃式发展。作为新的认识论和方法论的现代生态学理论正在迅速普及和应用。就我个人的从业经验，现代生态学理论使建筑师能够在景观的尺度上观察与思考城市，建筑师可以借助生态过程的系统规律把握城市与环境的相关性，从而在生态系统的层面权衡单体建筑与环境、城市群落的平衡，更重要的是生态学理论建立在全部现代系统科学的基础上，实现了基因学、细胞学、物种学，甚至包括人文科学等多学科有机、全面的联系。

现代生态学为生态文明社会的到来点亮了一盏明灯。建筑师借助生态学理论，能够在设计方法、艺术审美、技术创新等多方面提升职业能力和创造多种价值。新一代的建筑师应当尽快更新知识结构，系统地掌握现代生态学理论，以全新的视角审视建筑，审视城市的发展历史，以多样化的方式探索人与自然的关系，追求人与自然的和谐。

城市是一个复杂的系统，需要从多种角度，多种层面描述、理解和传承，这就像生物的基因是遗传的本质和物质基础一样，基因的多样性是自然选择与适应的双重作用结果，通过遗传实现。多样性也是城市和建筑的本质，文化的多样性来自人类社会对自然环境的适应，社会作为人类群落的组织和结构形态，有物质和文化的双重属性，在景观格局和生态过程的演变中不断演替，并且以社会生活方式即文化的多样性与自然和谐，实现人类文明的可持续发展和传承。

我们为王澍的成就欣喜，同时思考王澍对文脉传承的坚定态度和对历史持续的热情。我更强烈地感到中国建筑师的角色和使命，建筑师需要在城市化和建筑创作中努力并且足够长时间地坚持，像王澍说的：就会有某种结果。

从事建筑设计几十年，我这样理解建筑师这个职业：建筑师是一种生活方式，以文化的方式体验和感受所处群体的生活状况；以文脉为基础，通过设计传承所处群体过去的存在方式；始终试图以创新的设计体现群体的需求，并且思考群体的未来。

以此与中国的建筑师同人共勉。

（宝佳集团市场部总经理）

# 从工作中生长出来的博物馆新论

## ——单霁翔的宏观博物馆理论是怎样诞生的

苏东海

单霁翔局长的宏观博物馆理论不是偶然产生的，是他在管理文化遗产和管理博物馆的工作中，不断深入实际，不断深化认识，不断提升管理水平，与时俱进而形成的理论成果，具有很强的理论意义，又有很强的指导事业发展的现实意义。只有充分认识它的实践价值，才能更好地认识它的理论价值，才能真正发挥理论的先导作用。我愿就我所知，对单局长这一理论的诞生过程做一点探讨。

早在 1995 年他出任北京市文物局局长之时，他就开始了博物馆研究。那时北京市正在加速城市现代化建设，他从城建部门调来执掌文物博物馆工作，他的城市学知识和实际经验以及加速现代化的热情，亦带到了文博工作中。那时他对博物馆的研究也就落在了博物馆现代化的主题上了。1996 年他发表的《调整博物馆体制改革的思考》揭示了计划经济条件下博物馆的种种弊端，提出了体制改革的思考。1997 年他发表的《博物馆管理浅析》，实际上是一篇现代管理的长论。他后来的许多管理思想在这两篇文章中都已露出端倪。

2002 年他从城市规划部门调任国家文物局局长之职。那时博物馆正面临着一个新的战略发展期。我对那时的国际博协新发展战略有一段描述。20 世纪后半叶，国际博协出现了两次重大的战略推进：第一次战略推进发生在 70 年代，推动博物馆社会化进程迈入新阶段；第二次战略推进发生在 90 年代末的世纪之交，国际博协改革的战略方向开始向遗产保护的方向倾斜，博物馆正在更多更深地担当起为当代和后代保护历史遗产的固有使命（拙文见李文儒主编的《全球化下的博物馆》总论）。我国也在着力进行国情调查，以适应经济快速发展的基础需要。单局长就是这时来到国家文物局的，他对文物博物馆事业的战略思考也着重落实在基础建设上面。他到任后第一次召开的全国会议，也就是2002年全国文物工作会议和全国文物局长会议上，制定了新世纪文物保护的方针和基本思路，其中文物工作、博物馆工作的基础建设被放在战略首位。记得他在会上发表的演讲中，用一系列数字阐述国家的发展和文博事业的发展前景，很是振奋人心。抓基础建设并不轰轰烈烈，但真正做事业的人无不脚踏实地。我观察单局长在文物博物馆管理工作中一直是"基础优先"的思路。直至国家文物局的十二五规划，发展战略的第一条仍然是"基础优先"原则。这是与我国《文物保护法》的"保护为主，抢救第一"方针相配套的，也是与国际博协发展新战略相呼应的。国家文物局与联合国教科文组织的合作也日益密切起来，国际遗产界的遗产保护理论不断深化、不断扩大化，国际遗产保护的联合行动在我国反应迅速，我国已经融入国际遗产保护洪流中，并居于行动的前列。国家文物局的文物博物馆管理正在使可移动文物的管理与不可移动文物的管理处于相互倾斜之中，这就使单局长的扩大保护、扩大享用的广义博物馆思想的形成有了实践上的铺垫。

2005年，单局长开始研究生态博物馆，这是他寻求扩大遗产保护和扩大享用遗产人群的新探索。我国已经在四省区建立了十几个生态博物馆，他亲自去考察了许多处。他认为生态博物馆是博物馆的一种新形态，应该扩大它的覆盖面。他提出从民族村寨向富裕农村伸延，以适应新农村建设中文化遗产保护的客观需要，并亲自在浙江省安吉县进行试点。这不仅是生态博物馆的战略性发展，也是他"走向大千世界"的一部分。接着他又和宋新潮副局长在福建三坊七巷建立社区博物馆的试点。在2010年11月5日福州会议上系统地阐述了他对中国生态博物馆和中国社区博物馆发展的构想。至此他对在中国发展新型博物馆的路子已经明晰起来。值得一提的是，他的向遗产地发展博物馆的战略方向与2007年国际新博物馆学运动提出的"加强对毗邻大城市地区和新兴城市移民中心的社区"发展的新战略方向有异曲同工之妙。我认为广义博物馆理论在他的头脑中已经成熟了，并且已经付诸实践了。

2010 年国际博协大会期间，他在国际管理委员会学术会议上作的《博物馆功能和职能的加强与完善》的学术发言，和这期间发表的《抓住机遇 推进新时期中国博物馆的蓬勃发展》的文章，在国际舞台上略述了他的广义博物馆思想。2011 年 2 月，他的《广义博物馆的思考》一书问世。在该书中，他提出了“博物馆力量”这个新概念，从宏观上阐述了博物馆四种“积极力量”的价值和意义，把博物馆的功能和职能整合在一起予以理论上的延伸；又以五种博物馆新形态实现博物馆机构的宏观延伸。四种积极力量，五种实现形式，构成了他的广义博物馆学的理论框架，可以说是一种博物馆新论。5 月他在中国博物馆协会会员大会上，水到渠成地把广义博物馆学摆在了文博界的面前。

可以看出，单局长的广义博物馆学是在中国本土的实践中生长起来的，是与国际遗产保护热潮、国际博物馆学整合运动相呼应的，是在我国文化大发展大繁荣的进程中的理论创新，无疑具有理论先导、行动指南的意义。

# 广人 or 广府

刘　健

每每见到传统古村落，不要说凤凰、乌镇，即使是一些默默无闻的小村落，虽然房子很破旧，但那依山傍水的自然形态，村民悠闲自得的生活，令我们这些专业的建筑师叹为观止、自愧不如。如果说今天先进的科学技术已经让我们无所不能，但为什么我们煞费苦心创造的城市及建筑与它们一比却黯然失色，每年引以为豪设计完成的建筑面积、建筑类型和建筑空间只是平添了更多的遗憾呢？

我们沉浸于古村落的魅力，羡慕当地居民的生活环境，但他们却不以为然，更羡慕城里的单元房，有卫生间、上下水。曾经有一次，专家的呼吁使得一处即将被拆除的古村落得到保留，而当他回访当地居民时，居民却埋怨他的行为使得自己未能赶上拆迁改善居住条件。我清楚地记得当年谭嗣同故居引发的争端，专家感叹古建筑的历史价值和建筑艺术，建议保留；而房管所所长更加关注住在里面的居民，“……年久失修，早已是危房，我要解决的是老百姓的居住安全问题……”这多么值得人们深思。我们对古建筑和旧城的改造应该持怎样的态度，是保护旧城还是改善居民的居住环境，这是个矛盾吗？

古城广府，邯郸永年县的一个小镇，这座有着两千六百多年历史的古城，以其保存相对完好的古城墙和街巷布局，展现着千年以来的历史及生活风貌。 历史上的广府不仅官署棋布，商贾云集，也是重要的军事要地，千百年来历经战火硝烟。古城在战乱年代易守难攻，在和平年代低调，一直远离着人们的喧嚣视野，或许正是这种远离，使广府得以保存完好。尤其是广府的古城墙和护城河被相对完好地保存下来，古城的护城河宽度达到 140 米，十分罕见，要知道北京故宫的护城河不过 52 米宽。
广府古城墙的历史可追溯到唐朝，唐代以前为土城，周长六里二百四十步。元朝侍郎王伟做郡守时，将土城周长增为九里十三步（4522 米）。明嘉靖二十一年（1542 年），知府陈俎调集九县民工，历时十三年将土城改为砖城，城高 12 米、宽 8 米。明嘉靖四十三年（1564 年），知府崔大德为防水患和战事，增修四瓮城，至此形成了现在恢宏与壮观的规模。而古城的历史则比城墙的历史要古老得多，可上溯至春秋，距今已有 2600 多年。自西汉起，历代为郡、府、州、县治所。隋末唐初，夏王窦建德曾在此建都。不过，我们今天能看到的窦建德留下的建筑，只有一小段藏兵洞了。
可以说在古城的岁月中，其一直经历着大大小小的改造和重建，建筑风格也在变化着，今天具有明清特点的古民居还可以看到，再久远一些的建筑就很少了。街道上不少店铺还保留着类似过去的护窗板，依稀诉说着久远的故事。 可贵的是古城四大街、八小街、七十二个拐弯的格局，自明朝以来未曾改变，似乎是古城居民心照不宣的结果。走在城内的街道中，能够感受到古城生活的宁静与悠闲，老式的红门、幽深的小巷让人觉得回到了明清时代。古城的生活热闹而缓慢，传统的理发店里，老师傅正给客人洗着头发；街边的小吃店前，坐满了吃早点的男女老少们。空气中弥漫着各种食品的味道，广府酥鱼、烧饼、油炸糕……让人有种想咽口水的欲望。
面对这样一个古城今后的发展，是拆，是保，还是怎样？但无论怎样，古城的宁静总会被打破，古城像一个迟暮的老人静静等待着。

你拆，或者保留
我就在这里
不悲不喜

你知，或者不知
我就在这里
不争不期

你爱，或者不爱

我就在这里

不盼不求

张开你的心，停留在我的怀里，

即使化成灰烬，我的爱还在这里

宝佳公司的罗建敏老先生敏锐地发现这一点：建筑和生活应该是一个整体，饱含激情地提出古城的发展应该是以修葺为主而不应该是大拆大建，要控制拆建的比例。我们要扪心自问，大拆大建地改造结果扑面而来的还是这种生活气息吗？居民们还能够悠闲地生活吗？还是只能像清明上河图一样成为一幅美丽的回忆？古村落的生长是缓慢而又适度的，造就了一个个生动的环境而不仅仅是建筑；我们今天的发展是高速无节制的，造就了一个个孤立的建筑而错失了人文环境。广府只是一个微不足道的小城镇，即使在今天被评为了中国历史文化名镇，知道者也寥寥无几。罗老先生的这种感情来源于愿意亲身去体验，以近八十岁的高龄去探访一座近两千六百年高龄的小城镇，像是两位老者之间的促膝交谈，这让一切的文字失去了意义。每天我们都会遇到很多人，每次旅行我们都会走过很多地方，区别在于你是选择匆匆掠过还是愿意停住脚步收获一份感情。

其实广府最终选择怎样的发展方向谁都无法阻拦，这里面掺杂着政府官员的政绩、居民的诉求和开发商的利润，大家都有困难，都很无助。但如果有一天后代问我们这一代人会将什么留给他们，我们将怎么回答呢？

（宝佳集团总建筑师）

# 对待工业遗产的三种认识、做法和人

刘伯英

2007年4月启动第3次全国文物普查，将工业遗产作为一个重点。今年5月，国务院正式公布了第七批全国重点文物保护单位的名单，其中工业遗产的数量增长最快。这些都说明中国对工业遗产的重视程度越来越高。

工业遗产保护最重要的是正确认识问题，首先就是你认为这些工业遗存是否是有价值的？对城市历史文化的传承是否是重要的？没有清楚的认识，该“拆”还是该“保”都没有依据。其次，就是在正确认识的基础上，确定哪些该保留，留下来干什么；哪些该保护，怎么保护？这也是要说清楚的。其三，与三种认识和三种做法相对应，就是目前在工业企业搬迁、工业用地更新和工业遗产保护问题上，存在三种不同类型的人。

## 一、视如珍宝：作为世界文化遗产的“工业遗产”

2011年国际古迹遗址理事会（ICOMOS）公布了50项技术与工业遗产名录（Technical and industrial heritage in the World Heritage List），2012年新公布的世界文化遗产中又有4项技术与工业遗产。此外还有多项典型的工业遗产，如芬兰的韦尔拉木材加工和纸板厂（Verla Groundwood and Board Mill）以及巴西的奥林达城历史中心（Historic Centre of the Town of Olinda）和戈亚斯城历史中心（Historic Centre of the Town of Goiás）等工业城镇，未被列入技术与工业遗产名录。这些世界文化遗产曾经被列入工业遗产名录，但在之后的统计中又被剔除，主要原因还是对其价值的认定。可以看出对什么样的工业遗存可以称为“工业遗产”，世界文化遗产组织的认识也是在不断变化和发展的。

世界文化遗产：弗尔克林根铁厂

通过梳理我们可以发现，与工业相关的世界文化遗产，欧洲和南美所占比例比较大。究其原因，主要有下面几点。

（1）欧洲：英国是工业革命的发祥地，工业革命的成果迅速传播到欧洲其他国家，工业革命早期的工业遗存最为丰富；工业遗产以采矿、铁路、运河、工厂为主要特征，不仅具有传统遗产所具有的美学价值，更重要的是它们承载的科学和技术价值是独一无二、不可替代的。这里不仅有资本主义“剥削”的残酷，甚至还有“空想社会主义”的梦想，价值的丰富性无与伦比。

（2）美洲：工业革命使欧洲迅速发展，经济实力不断增强。随着美洲新大陆的发现和殖民统治，南美洲成为欧洲殖民者掠夺财富的重点，殖民者为殖民地国家带来了工业文明。工业遗产以采矿和因采矿而建设的城镇为主，其价值主要体现在科学技术的传播上。

（3）世界文化遗产中的工业遗产，不论是欧洲还是美洲，都具有原真性和完整性的特点。包括矿址、厂房、设施设备、工人住房、运输线路等，好像凝固在某个辉煌的历史时间点上，几乎没有在原来技术的基础上的不断添加、改造，甚至新建，不是通过设施设备的“覆盖”来体现工业技术的进步，而是通过一个个遗产“纪念碑”来体现科技的发展。
世界文化遗产的工业遗产，是保护的最高级别，为我们树立了“保护”的标杆！当然，还有次一级的保护，比如欧盟国家的欧洲工业遗产之路(European Route of Industrial Heritage)，涉及 30 个国家和 280 多个锚点（Anchor Point）。各个国家也有不同级别的工业遗产，我国“全国重点文物保护单位”中就有铜绿山古铜矿遗址、水井街酒坊遗址等工业遗产。“工业遗产”是我们对工业遗存价值认定的最高级别，因此我们视之如珍宝，这就决定了“保护”是对待这些遗产的最佳做法，功能以博物馆、工业遗产旅游为主，配以少量的服务设施。专家和学者们通过调查研究，从浩如烟海、数量巨大的工业遗存中发现那些最闪光的东西，在沙砾中寻找钻石。而那些工厂的老职工，虽然说不出什么大道理，但正是他们对那些傻大黑粗、肮脏丑陋的工业设施怀有最深厚的感情，这里有他们的艰辛和汗水，更有荣誉和自豪！

## 二、为我所用：作为城市发展资源的“工业资源”

对废弃的工业设施价值的认识，是从欧洲逐渐扩展到世界各地的，20 世纪 60 年代开始，从“工业考古”到工业遗产保护，从“隐学”到“显学”，从“业余”到“专业”，发展迅速。虽然那些工业遗存从形象到价值远没有宫殿、银行、剧院等建筑那么光鲜亮丽和具有地标性，也不像住宅建筑那么丰富多彩和数量庞大，但工业遗产的保护还是随着传统工业企业的停产倒闭和被废弃，受到了人们的重视。这与二战后在城市建设中遇到的文物保护和建设思潮紧密相关。

美国对工业遗产的认识和保护行动紧随欧洲，但工业遗产的价值与欧洲和南美洲相比，并不具有独特性。但美国也没有因此对工业资源只有一个“拆”字，而是尽量保留，进行再利用。与欧洲和南美洲国家相比，虽然方式完全不同，但对待这些工业资源的态度是一致的。从工业文明的延续到工业文化的彰显，再到资源的可持续利用和衰败地区的城市复兴，工业资源的再利用都起到了极其重要的作用。

1965 年美国景观大师劳伦斯・哈普林提出“建筑再循环理论”，不同于简单的修复，强调功能上的改变，重新调整建筑内部空间，并被人们使用和接受。完成于 1967 年的旧金山吉拉德里广场 (Ghirardelli Square) 的综合性改造，是体现再循环理论的实践产物；已经废弃的巧克力厂和毛纺厂，被改建为商店及餐饮设施。

西雅图煤气厂公园 (Gas Works Park)1956 年停工后，1975 年在一位市政府官员的游说之下被改建为公园，并成为世界上第一个以资源回收的方式改建的公园。美国景观设计师 Richard Haag 保存了原来的工厂设备。以前那些炼油设施，成为公园的一个组成部分。原先被大多数人认为是丑陋的工厂保持了其历史、美学和实用的价值。工业废弃物被利用，有效地减少了建造成本，实现了资源的再利用。

具有 100 年（1900—2000）历史的巴尔的摩发电厂，停产后被改造为巴诺书店（Barnes & Noble）。从这些案例中可以看出：工业设施可以作为城市的景观资源和空间资源，在退出工业生产之后，仍然能发挥巨大的作用。更重要的是，这些工业资源还是城市发展的文化资源和旅游资源，能够塑造城市的“吸引力”和“软实力”。

对于遗产价值不那么突出的工业遗存，我们没必要花费大量的资金像文物一样保护起来，但也没必要“不拆不快”、“一拆了之”。本着实用主义的做法，“为我所用”是否也是工业遗存的出路呢？我们可以不说资源节约和可持续发展，但作为城市建设的中间状态，城市形态和景观的补充，为城市特殊人群创造一个集聚空间，作为房地产开发的一个“卖点”或者景观“特色”，都是对这些工业遗存的善待。美国的 SOHO、北京的 798、成都的音乐东区等，都成了城市的文化功能区，也变成了城市新的旅游点。万科的天津水晶湾和长春 1948，都是巧用工业遗存作为房地产开发的亮点的成果案例。

艺术家、文化人、房地产商们很现实，很“另类”，也很有眼光；他们发现了工业遗存“遗产”价值后面的“经济”价值，把它们变成了工作室、画廊、酒吧、售楼处、会所和沿街商业具有特色的建筑立面。在他们得到“实惠”的同时，城市也得到了实惠，城市面貌不再千篇一律了，新的文化景点出现了。

## 三、弃如敝屣：作为落后丑陋肮脏的“工业垃圾”

工业在给城市带来经济发展动力，提高人民生活水平等方面做出过巨大贡献，但同时也带来严重的污染，烟尘、污水、废物、恶臭等，城市的管理者希望把城市收拾得像家一样干净和温馨。他们做起了“城市的清洁工”，要把城市打扫干净；把这些工厂像倒垃圾一样，从城市中清除出去。当然从城市的发展角度看，这种注重环境质量的愿望无可厚非，但做法是值得商榷的。停产、搬迁没问题，为城市腾出发展空间，淘汰落后产能，通过搬迁为企业发展寻找更大的发展空间，这是件好事。但是，在工业企业搬迁后新的城市建设中，有些人希望把厂房、设施全部拆掉，就像把穿破的旧鞋“一扔了之”。我不禁要问：这么做你就感觉“轻松”了吗？你就得到“快感”了吗？我们是不是需要把工厂打扫得“一尘不染”？我们就不需要留下点什么，给那些在工厂工作一辈子的老工人留下点“念想儿”吗？

就不能给我们的城市经济发展和建设发展留下点“痕迹”吗？

1969 年，西方国家对待工业遗产的消极态度发生了重大变化。当时，鲁尔区多特蒙德市 Zollein Ⅱ / Ⅳ煤矿建筑正准备拆除，建筑师们在检查时却被这早期的工业建筑样式迷住了，而且这是世界上第一个使用电泵的煤矿。因此，它算得上是世界技术与工业遗产，人们第一次意识到：原来这也是我们值得骄傲的遗产。1970 年，Zollein Ⅱ / Ⅳ煤矿建筑的保护工作得到了资金，这是德国政府第一次拨款保护工业遗产。

工业遗产保护观念，欧洲也不是与生俱来的，也发生过转变！德国景观设计师 Peter Latz 说过，我们今天看到的鲁尔地区留下的工业设施仅有原来的 10%，也就是说有 90% 的工业设施是被全部拆除，没有留下任何痕迹的。当然这个数并不那么精确，但说明了一个程度。我们看到的那些有幸留下来，经过保护、改造和利用的工业设施，完全颠覆了人们对工业遗存的看法，人们不再视之为垃圾，而是视之为珍宝，其甚至成为城市、地区的特色。

中国正处在产业结构调整的关键时刻，城市化进程不断加快，在关注危旧房改造之后，又把城市更新的重点放在工业用地上。2013 年 3 月，国务院批复了《全国老工业基地调整改造规划（2013—2022 年）》，全国共有 95 个地级市和 25 个直辖市、计划单列市、省会城市的市辖工业区名列其中；计划用 10 年时间完成全国“一五”、“二五”和“三线”建设时期工业项目集中布局、传统国有企业集聚的城市区域的搬迁改造工作，国家将给予中央预算内投资补助。工业企业搬迁已经不是北京、上海这些大城市面临的问题，而是全国城市发展面临的普遍问题，也将是下一步城市更新建设的重点。

北京在制定《优秀近现代建筑保护名录》的时候，双合盛啤酒厂麦芽楼被开发商突击拆除；在申报第七批国家重点文物保护单位，已经被国家文物局指定为国保的情况下，首钢又从国保的名单中被删除。当然原因是多方面的，但究其一点就是对工业遗产价值的认识还不够高，保护还不够果断，做法还太简单、太生硬，甚至太无理。那些破坏工业遗产，阻挠工业遗产保护的人，只能说他们太短视、太无情，甚至太无知！

正面的“榜样”和反面的“教材”摆在那儿，何去何从？怎么做？最终的决策是否能倾听专家学者和公众的呼声？让我们拭目以待！

（清华大学建筑学院教授、北京华清安地建筑设计事务所有限公司总经理）

# 《建筑师戴念慈》序

齐　康

戴念慈先生是我的学长。他是我国当代著名的建筑设计大师，中国科学院院士。

在 1949 年我刚进入大学时就知道了他的名字，他是师长们平时谈论抗日战争时期在重庆办学的经历中，常提到的几位优秀学生之一。他的才智和勤奋在当时的学生中是众所周知的。我见过他的留系设计作业，那张公寓房的水彩表现图一气呵成，画风清淡、平和、秀丽，给我留下了深刻的印象。

1951 年杨廷宝老师给了我们一次去北京实习的机会（当时还没有过外出参观实习的做法）。我和几位同学被分到重工业局实习后又到太原参观，而戴复东等同学（高我一届）则有机会参观戴老工作的中直机关的设计机构，回来的同学都在谈论他的设计风格和工作态度。他当时喜爱美国著名建筑师赖特的手法。大家异口同声地称赞他做机关办公楼和首长的住宅设计时，认真细致的工作作风。

往后的日子里，我专学城市规划，与戴老认识见面的机会就很少了，只是在会上见见面。

真正认识戴老是在 1976 年参加毛主席纪念堂方案设计时，他不仅工作勤奋，谦逊好学，而且做方案非常认真。他在介绍方案时总说我的主张是什么，在手法上又吸取了什么人的做法。但一旦形成他的观念，他总坚定不移地坚持自己的观点，并做出解释和说明。可以说，我是从他的系列作品中开始认识、了解他的。

1959 年建成的北京十大建筑之一的中国美术馆是他的重要作品。他走的是一条探索中国传统建筑现代化的路子，采用多层的檐口等传统风格，将一座艺术的宫殿处理得得体而融合。笔到意到，对建筑物总体尺度的关系的把握和拿捏显示出他深厚的建筑功底，一切都处理得那么妥帖，建筑的外装饰和细部都设计得非常精心，建筑体量的交接转折都交代得分外清楚，使我感受到他确实从老一辈建筑师那里吸取到了建筑设计的真谛。从美术馆的内部，特别是从楼梯和灯具，不难看出他学习赖特设计手法的影子，并在此基础上有所创新，一种站在祖国优秀建筑文化基础上的创新。我们对现代建筑的探索，要从此时此情的感受中才能做出，这样的作品可谓是现代的、东方的、有传统特色的。

一个好的建筑师的作品，会因环境、历史、地区条件等因素而异。斯里兰卡大会堂的创作设计使我惊奇：它庄严，富有异国风情，表现出当地、当时的特点。它与他的其他作品风格相去甚远，不像出自同一人之手，从中可以看出他探求建筑本体、特性功能和艺术表现以及追求创新的内在精神。一位建筑师做到这一点非常难能可贵。

杭州西湖湖滨要建两幢多层旅馆，戴老在设计中的处理是谨慎的。他注重城市、湖面风景和建筑的关系，在风格上采用了传统风格现代化的变形，这在当时遭到过非议。记得论证会结束的那天，他独自徘徊，神色严肃。社会的力量常出难题，建筑师常面对难言的困惑，面对当今西湖湖滨所盖建筑物将如何评述？一位优秀职业建筑师涉及社会利益和环境利益时，怎样求得一种“其实”，这不能不使后来者思考。建筑师们既要有远见，又要注重现实，稳妥而刚直。人既在其位，就要在其理、在其情。

曲阜宾馆的建筑群地处孔庙附近。这是个非常特殊的地段。对于建筑师，这是一个难题，也是一个考验，在设计中既要考虑环境的因素，又要在控制层高的同时求得创新。面对这种挑战，戴老不愧为杰出的建筑师。他在分清主次的基础上进行设计，使主体建筑与环境相匹配，并有所创新，取得了好的艺术效果。

戴老十分重视理论学习，他的创作是建立在实践和理论的探求上的。从解放之初所写的文章以及后来一系列文章来看都是具有针对性的，它们成了我们探索中国现代建筑设计的理论研究基础。可见他的创作是建立在自身刻苦学习的坚实基础上的，不仅如此他还敢于亮出自己的观点以求真理。

戴老最后的几个作品如辽沈战役纪念馆和苏州的吴作人纪念馆，一个是探索纪念建筑的创新，一个是探求与古城环境的和谐，可惜的是他过早地离开人世，未能见到后者建成。

《 大百科全书（建筑 · 园林 · 城市） 》卷中建筑学总论是他与我合作写的，总论起始稿是我在学校同行的支持下完成的，而戴老仍十分认真地三易其稿。在上海开会时，看到他逐字逐句地推敲，这种严谨、踏实的学风感人至深。定稿之后，他和我有一段对话。我问他：“您一生做了许多设计，感受最深刻的是什么？”他说：“除了把握环境外，建筑师研究具体的建筑没有比尺度更为重要的事了。”这一席话深深印在我的脑海中。没想到他于 1991 年过早地离开了我们。

学长离开我们 6 年多了。他的治学精神，为人忠厚淳朴的品格和优秀的创作范例，永远留在了人间，载入了史册。

1998 年 3 月 20 日于中山疗养院

（中国科学院院士、东南大学建筑研究所所长）

# 中国乡土建筑初探

陈志华

这部书是我们二十多年乡土建筑调查研究的阶段性小结。

中国有一段非常漫长的农业文明的历史，中国的农民至今还占着人口的很大比例。传统的中华文明，基本上是农业文明，加上小手工业者、小商贩、在乡知识分子和少数退休还乡的官吏，一起创造了像海洋般深厚瑰丽的乡土文化。庙堂文化、士大夫文化和市井文化虽然给乡土文化以巨大的影响，但它们的根扎在乡土文化里。比起庙堂文化、士大夫文化和市井文化，乡土文化是最大多数人创造的文化，为最大多数人服务。它最朴实、最率真、最生活化，因此最富有人情味。乡土文化依赖于土地，是一种地域性文化，它不像庙堂文化、士大夫文化和市井文化那样有强烈的趋同性，它千变万化，丰富多彩，是中华民族文化遗产中还没有被充分开发的宝藏。没有乡土文化的中国文化史是残缺不全的，不研究乡土文化就不能真正了解我们这个民族。

乡土建筑是乡土生活的舞台和物质环境，它是乡土文化中最普遍存在的、信息含量最大的组成部分。它的综合度最高，紧密联系着许多其他乡土文化要素或者甚至是它们重要的载体。不研究乡土建筑就不能完整地认识乡土文化。甚至可以说，乡土建筑研究是乡土文化系统研究的基础。

乡土建筑当然也是中国传统建筑中最朴实、最率真、最生活化、最富有人情味的一部分。它们不仅有很高的历史文化的认识价值，对建筑工作者来说，还可能有一些直接的借鉴价值。没有乡土建筑的中国建筑史也是残缺不全的。

有一个漫长的历史时期，中国的经济、文化中心在农村。农村里建筑品类之多样胜过一般的城市，连书院、藏书楼、寺庙也大多在农村，更不必提路亭、磨坊、水碓、畜舍之类的了。雕梁画栋、琐窗朱户，至少也并不次于城里。其实，城市里的建筑，从大木作到细木作，工匠也都来自农村。他们农忙在乡，农闲就背上工具进城，连皇宫都出自他们之手。但是，乡土建筑优秀遗产的价值远远没有被正确而充分地认识。一个物种的灭绝是巨大的损失，一种文化的灭绝岂不是更大的损失？大熊猫、金丝猴的保护已经是全人类关注的大事，我们的乡土建筑却正在以极快的速度、极大的规模被愚昧而专横地破坏着。我们正无可奈何地失去它们。

我们无力回天。但是我们决心用全部的精力立即抢救性地做些乡土建筑的研究工作。

我们的乡土建筑研究从聚落下手。这是因为，绝大多数的乡民生活在特定的封建宗法制的社区中，所以，乡土建筑的基本存在方式是形成聚落。和乡民们社会生活的各个侧面相对应，作为它们的物质条件，聚落中的乡土建筑包含着许多种类，有居住建筑，有礼制建筑，有寺庙建筑，有商业建筑，有公益建筑，也有文教建筑，等等。当然更有农业、手工业所必需的建筑，例如磨坊、水碓、染坊、畜舍、粮仓之类。几乎每一类建筑都形成一个系统。例如宗庙，有总祠、房祠、支祠、香火堂和祖屋；例如文教建筑，有家塾、义塾、书院、文昌（奎星）阁、文峰塔、进士牌楼、戏台等。这些建筑在聚落中形成一个有机的大系统，这个大系统奠定了聚落的结构，使它成为功能完备的整体，满足一定社会历史条件下乡民们物质的和精神的生活需求以及社会的制度性需求。打个比方，聚落好像物质的分子，分子是具备了某种物质全部性质的最小的单元，聚落是社会的这种单元。我们因此以完整的聚落作为研究乡土建筑的对象。

乡土生活赋予乡土建筑丰富的文化内涵，我们力求把乡土建筑与乡土生活联系起来研究，因此便把乡土建筑当作乡土文化的基本部分来研究。聚落的建筑大系统是一个有机整体，我们力求把研究的重点放在聚落的整体上，放在各种建筑与整体的关系以及它们之间的相互关系上，放在聚落整体以及它的各个部分与自然环境和文化环境的关系上。乡土文化不是孤立的，它是庙堂文化、士大夫文化、市井文化的共同基础，和它们都有千丝万缕的关系。乡土生活也不是完全封闭的，它和一个时代整个社会的各个生活领域也都有千丝万缕的关系。我们力求在这些关系中研究乡土建筑。例如明代初年“九边”的乡土建筑随军事形势的张弛而变化，例如江南和晋中的乡土建筑在明代末年随着商品经济的发展而有很大的变化，等等。聚落是在一个比较长的时期里形成的，这个发展过程蕴含着丰富的历史文化内容，我们也希望有足够的资料可以让我们对聚落做动态的研究。方法的综合性是由乡土社会和建筑固有的复杂性和外部联系的多方位性决定的。

因为我们的研究是抢救性的，所以我们不选已经名闻天下的聚落作研究课题，而去发掘一些默默无闻但很有历史价值的聚落。这样的选题很难，聚落要发育得成熟一些，建筑类型比较完全，建筑质量好，还得有家谱、碑铭之类的文献资料。当然，聚落要保存得相当完整，老的没有太大的损坏，新的又没有太多的增加。对一个系列化的研究来说，更希望聚落在各个层次上都有类型性的变化：有纯农业村，有从农业向商业、手工业转化的村；有窑洞村，有雕梁画栋的村；有山头村，有河边村；有马头墙参差的，也有吊脚楼错落的；还有不同地区不同民族的，等等。这样才能一步步接近中国乡土建筑的全貌，虽然这个道路非常漫长。在区分各个层次上的类别和选择典型的时候，我们使用了细致的比较法，要找出各个聚落的特征性因子，这些因子相互之间要有可比性，要在聚落内部有本质性，要在类型之间或类型内部有普遍性。但是，近半个世纪以来，许多极精致的或者极有典型性的村子已大量被破坏，而且我们选择的自由度很小，有经费原因，有交通原因，甚至还会遇到一些有意的阻挠。我们只能尽心竭力而已。

我们尽量减少选题之间的重复，很注意课题的特色。特色主要来自聚落本身，在研究过程中，我们再加深发掘。其次来自我们的写法，不仅尽可能选取不同的角度和重点，还力求写出每个聚落的特殊性，而不是去把它纳入一般化的模子里。只有写出题材的特殊性，才能多少写出一点点中国乡土建筑的丰富性和多样性。所以，挖掘题材的特殊性，是我们着手研究的切入点，必须费比较大的功夫。类型性和个体性的挖掘，也都要靠比较的方法。

我们每一个课题的写作时间都很短。因为，第一，我们不敢在一个题材上多耽搁，怕的是这里花功夫精雕细刻，那里已拆毁了不知多少个极有价值的村子。为了和拆毁比速度，我们只好贪快贪多，抢一个是一个。第二，头十几年，因为我们的工作没有固定的经费，只能靠出版商的预支稿费工作。跟他们订的合同就是一年交一份稿子才能拿下一年的工作经费，我们只好咬牙。如果精雕细刻地干，那就会弄不到一分钱的费用，连差旅费都没有，怎么干？工作有点粗糙，但我们还是认真地做了工作的，我们绝不草率从事。

虽然我们只能从汪洋大海中取得小小一勺水，但这勺水毕竟带着海洋的全部滋味。希望我们的书能够引起读者们对乡土建筑的兴趣，有更多的人乐于来研究它们，进而能有选择地保护其中最有价值的一部分，使它们免于被彻底干净地毁灭。

现在，我们的情况发生了很大的变化，有人老了，有人不像以往那样强劲了。望山，还那么高；望海，还那么深。我们对乡土建筑的研究，依然不过是一撮土，一滴水。我们自知势单力薄，而人生不再，就不得不先把做过的一点点工作总结一下，自怜而已。

虽然理解乡土建筑价值的人在增多，但毁灭乡土建筑的力量增加得更快，我们无力回天。

抗日战争时期，我在山沟沟里的中学读书，教语文课的王冥鸿老师在我的作业本上题过两句诗，我已经在前几年写的一篇散文中引用过了，现在再引用一次，那是：

“子规夜半犹啼血，
不信东风唤不回。”
啼罢、啼罢，那血，它是热的！

陈志华
1998 年春初稿
2011 年春改定
（清华大学建筑学院教授）

# 奥运场馆“伦敦碗”给我们的启示

金 仁

2012 伦敦奥林匹克运动会已落幕。作为伦敦奥运会的主体育场，伦敦奥林匹克体育场堪称节能型建筑的典范，是大跨度空间钢结构建筑中一个不可多得的成功范例。在全球钢材总量日益稀缺的形势下，该场馆对于资源的高效利用使之较同量级的其他体育场减用了 75% 的钢材。奥林匹克体育场的另一大特色在于其建筑所使用的低碳混凝土，此种材料来源于工业废料，较一般水泥含碳量低了 40%，而体育场的顶环更是由剩余的煤气管构筑而成的。整座体育场以看得见的方式实践着 2012 伦敦奥运会以“减量，再用，循环”的方式促进可持续发展的宣言。而在设计上更是堪称一绝，将体育场下体构筑于碗形基底的策略更进一步减少了钢材与混凝土的使用。

## 可拆卸的奥林匹克体育场

“伦敦碗”奥林匹克体育场位于奥林匹克公园部的“岛区”，三面环水，观众可通过五座连接岛区与周边地区的桥梁进入主体育场。在奥运会期间，体育场可容纳 80000 名观众，其中 25000 个永久性座位位于永久性的底层，而由轻质钢材与混凝土建造的高层可容纳 55000 名观众，这一临时性看台将在奥运会后移除。

该体育场的设计开始于 2007 年 11 月 7 日。根据伦敦奥委会所说，伦敦奥林匹克体育场是独一无二的 80000 座的体育场，它将是 2012 年奥林匹克运动会的中心，用于主持奥运会的开幕式、闭幕式和田径项目，残奥会结束后将被改建为 25000 座的永久体育场。

建造该体育场田径场时挖出的泥土被堆积在其周围，形成一个 25000 座的看台。体育场的外围架设有可拆卸的轻质铁架，作为附加的55000座的看台。由缆索构成的体育场顶部看台可承担大约三分之二的座位，看台将在2012年奥运会结束后被拆除并被再利用。
鉴于伦敦奥林匹克体育场的设计具备了相当的灵活性，可适应多种不同的需求，在奥运结束后，它将被继续用于体育与田径比赛以及文化与社区活动项目。主体育场本身将成为一座可延续使用的公共大型建筑。
据英国BBC报道，可容纳8万人的伦敦奥林匹克体育场将在奥运会后被缩减为6万人以节约成本，但仍将保留跑道以举办2017年田径世锦赛。奥运遗产发展公司发言人表示，预期2012年秋天他们就能决定这只“伦敦碗”的最终归属，届时全球媒体都将拭目以待。不知道这次伦敦奥林匹克体育场火热的商业竞标，能否给2008年奥运后使用量不大，被西方媒体评为“空旷鸟巢”的北京奥运主场一些启示?
2008年5月，“伦敦碗”的主创建筑师飞利浦·詹森曾到北京参加过一个场馆测试。他说很喜欢北京的奥运场馆，但没想继续像北京那么做。“北京奥运很棒，很多英国人通过北京奥运会忽然对北京有了一个大概认识，这也许是北京和中国的伟大广告。”他说，“但是在伦敦，我们希望更多地展示城市本身，所以伦敦会更多地采用临时场馆，而奥林匹克公园也不会成为太大的焦点。试想铁人三项的比赛路线经过白金汉宫，沙滩排球的场地就设在首相居住的唐宁街附近，伦敦被人们所知的各景点——威斯敏斯特教堂、大本钟、伦敦眼、格林尼治公园等地方届时都将被华丽地照亮，媒体报道更多的是伦敦怎样作为一个整体来举办奥运，而不是只专注于奥运场馆。”
詹森认为伦敦奥运会带来了一种新的思考方式——探讨永久性和临时性之间的关系。“很显然世界上的富裕国家可以花很多钱来举办奥运会这样的大型赛事，国际奥委会想要做的是通过举办奥运会来进一步传播奥运理念。做到这一点的方式就是不要建造太多的永久性建筑，或者说在建筑中至少融入临时性的部分，伦敦已经开始了这一进程，或者可能比以前做得更明显。”
在詹森看来，预算是个约束，但这种约束却也变成了激发各种创新设想和实践的刺激。他说：“你无法做出比这种形式更轻的屋顶，只使用如此少的材料，为可持续发展做出了贡献。”
伦敦奥组委强调，这个独特设计具有“奥运里程碑”式的意义，将为奥运史留下宝贵遗产。该场馆的主设计师什亚德认为，同之前历届奥运会的场馆相比，该体育场可拆卸的设计显示了独创性和前瞻性。他说："这不是那种以壮观的外形取胜的体育场，但这是一个更聪明的建筑。它将更多关注于实用性，成为一座真正智能化、可持续发展的体育场馆。"它有着复杂的装卸工程，像一只盛满空气的大碗，保证赛后有效利用。

北京"鸟巢"和伦敦奥林匹克体育场都属于大型公共建筑，都采用框架结构，主材料是钢筋和混凝土，这一点"鸟巢"尤为突出，为了营造更好的视觉效果，"鸟巢"采用了大量的钢筋编织的网架，加上大量混凝土的运用，体现了其体量感和永久性。而"伦敦碗"突出了其经济聪明的特性，尽量减少用钢量，并且增加了大量的临时座位，增加机动性的同时减少了混凝土的用量。"伦敦碗"以轻型框架为主要框架结构，配合基础部分的钢混结构形成场馆主体。"鸟巢"则是以少数支撑性的结构钢座位骨架，中间填充非结构性的钢材形成鸟巢外形的主体网架，配合钢混永久性的基础和座席，形成场馆主体。

总的来说，"鸟巢"和"伦敦碗"这两座奥运主体育场各有利弊。如果说北京"鸟巢"体育场更注重的是外形的精美，从而牺牲了经济和部分实用性的话，"伦敦碗"则是一个十分注重经济实用的场馆，十分节约，但在外形上做出了一定程度的让步。简言之，"鸟巢"更注重外观和实用性，"伦敦碗"则更加注重实用性和节约，这与两届奥运会所处的经济背景和国家背景都有着深切的关系，由此可见，经济和文化因素对建筑物风格的影响是不容忽视的。伦敦奥林匹克体育场绰号"伦敦碗"，其外观全部为白色，外形下窄上宽，酷似一个汤碗。作为奥运会建筑史上重要的里程碑，"伦敦碗"在沿袭了传统的基础上，进行了很大的创新。"伦敦碗"在设计方案公布之初，被指模仿"鸟巢"。它与"鸟巢"一样，可以容纳8万观众。不同的是，"鸟巢"仅有1.1万个临时座席，但伦敦碗却拥有5.5万个临时座席。同时，"伦敦碗"最终花费为4.96亿英镑，比"鸟巢"近70亿元人民币的造价更低。

## "伦敦碗"的设计理念

"伦敦碗"拥有最为复杂的装卸工程，像一只盛满空气的大碗。为了保证赛后有效利用，设计人员在建设过程中采用了与众不同的"遗产"设计理念：2.5万个座椅设计在碗底下，外围架设有一个可拆卸的轻质铁架作为附加的5.5万个座椅的看台。馆内没有建设过多的私人包厢，从而将体育馆的整体高度下降，这也让坐在最上面的观众拥有更好的视野。奥运会后，"伦敦碗"

上面的四层将被拆除，成为一个小型的足球场。

## “伦敦碗”的设计风格

“伦敦碗”的设计具备其独有的风格特点，这些特色为这套庞大的设计方案增色不少。首先，下沉式的碗形设计，让观众能够更近距离地观看运动员的动作。其次，由绳索支撑的屋顶半径只有 28 米，只能遮盖场馆三分之二的观众。考虑到奥运会比赛时间处于伦敦比较干燥的两个星期，赛事主席冒险决定放弃使用全顶房屋。通过 6 个月的研究，他们确认能够保证在比赛场地中将不会产生强烈的侧风，导致世界纪录无效。第三，整个比赛场地都将被浓郁的艺术气息包围，你将在主场馆的墙壁上见到许多奥运会历史上的杰出运动员们。门帘将包围住场馆的临时建筑部分，作为对观众的保护和遮蔽。最后，主体育场馆内还将提供设备齐全的公众餐饮和商品销售设施。

## 对“伦敦碗”的设计评价

著名的英国设计师皮特·库克教授和建筑设计公司 HOK Sport 共同合作设计了“伦敦碗”。库克认为“伦敦碗”的设计是对自己的一大挑战，他说：“人人都在等我们出洋相呢，你不只要考虑奥运会比赛时的实际需要，还得为奥运会结束后的长期使用做好准备。‘伦敦碗’既是为现在而造也是为未来而造。”伦敦市市长肯·利文斯敦认为这一设计“起到了灯塔般的作用，象征着设计意识的转变和革新”。

# 建筑与环境

李 岩

远古时候，人类只是依山傍水而居，没有多少选择，有洞就行，挨着水更好。为了好地界，人类少不了争斗。进入平原以后，选居住地首先要想水的问题。既不能缺水，也要防被水淹。其后择居进步到以寻风水名义进行的勘查工作。中国人择居讲风水并不全是迷信，应该说还有些科学的道理。中国古代帝王选择都城只要条件允许更会颇费苦心，但是，这个时候对风水的要求应该是地理环境。北宋之所以灭亡，与他们选了开封为都城有很大关系。赵匡胤不是没有意识到这种危险，可最终也没能改变什么。中国宜居的地方基本上都被利用了，如果再占，怕只能在房子上种植了。有位西方建筑师认为他们是先盖房子，再营造环境。而中国人是先找到一个环境好的地址，然后依环境盖房子。可惜的是在中国已经没多少好地界供人盖房子了，所以近些年拆旧城在原址盖新城蔚然成风，连一些文化古城也不能幸免，令人感慨。

我们都知道一个建筑不仅有生活的实际用处，它还是艺术，时间久了还是历史。自然环境是天创造的艺术，而人创造的艺术是建筑许多房屋的城市和村镇。人类在此生存、栖息。地上的飞禽走兽都会选择一个适合生活的地方搭窝、筑巢，何况人，人理当为自己的栖息地做出更艺术的规划。

有人把艺术分为主要艺术和次要艺术，说这是区分艺术的一种方法。他们认为，主要艺术是建筑、雕塑、绘画等，次要艺术是玻璃窗、各种饰品等。但是如果不解释，从字面理解，似乎主要艺术和次要艺术是有上下之分的。可是想想看，蒙娜丽莎的微笑是主要艺术还是她的手是主要艺术？那是一个整体。要是一个建筑只是房子本身，周边环境很差，房子既没玻璃窗，也没各种饰品等一些所谓次要艺术的完善，这房子与以前住的山洞有什么不同，谁会喜欢住？

只要有条件，现在的人们会把自己的房子盖得很豪华，外面光鲜，里边舒适。可是人能够只居在家里不出门吗？出了门没有视觉感受吗？如果他们从自己漂亮舒适的房子里走出来，睁眼看到的是一堆垃圾，或者尘土飞扬，雾霾满天，或者是一座丑陋的作为主要艺术的雕塑，岂不大煞风景。这就好比把艺术品放在一个不合适的地方，难道不像一个人带着瓜皮帽，穿着西装，套个缅裆裤，脚踏懒汉鞋一样十分不搭吗？

其实中国人自古就十分在意居住环境的规划，除了要求大环境依山傍水，在自己圈起的小环境里也营造一个园林式的花园，完全自成一体的小山水。只可惜这个营造只为自家。皇家园林自不必说了，可谓登峰造极。而百姓只要条件许可，他们一定也会给自己盘踞的地方搭上天棚，种棵石榴树，养条肥狗，给自己布置一个优雅的空间。只是这种地方会给人留下一个悬念，当你走进深宅大院，走一程便有一个惊喜，真是“曲径通幽处，禅房花木深”。而高墙之外往往见到的是另外的高墙，或者偶遇一枝红杏出墙来。这与西方的开放相比，实在太封闭了。更令人感到遗憾的是这些封闭的宅院一般会落个“吴宫花草埋幽径，晋代衣冠成古丘”。

虽然中国像点儿样的园林大多是被圈起来的，但是这种情况并不能说明中国人缺少建筑与环境相结合的理念。即便济南那么大的一个城也可以弄成“四面荷花三面柳，一城山色半城湖”。如梦境般的居住地，这足可以证明中国人对生活环境的追求。

能住进深宅大院里的人差不多都是些成功人士，虽然生活富裕，但在某些方面的自由会被限制。或许因此，他们营造室外环境似乎更用心思。谁也不愿意总把自己关在屋子里，那样岂不成了囚徒，所以自己创造个小环境愉悦自己，可以理解。苏州园林多好呵，令人喜爱。可是没有富裕的盐商，谁能想象苏州会是什么样？可叹这些精致无比的园林最终成了奢华生活的标本。

中、外有两个残暴的大独裁者，除了残暴和独裁，他们俩都对建筑情有独钟，而且趣味相同。中国的秦始皇喜欢宏大的建筑，可那只为显示他的威风，自己却不喜欢住，所以才想修一个小桥流水的阿房宫，打算在此长住，只是阿房宫没修完，他就死了，终究没住成。德国的希特勒对建筑也十分着迷，他曾多次与他的私人建筑顾问讨论柏林的城市规划。他主张的柏林都是宏大的、具有压迫感的建筑，而他自己却喜欢躲进森林的小木屋休闲。可见，即使杀人不眨眼的独裁者也十分在意自己的生活环境，或者那些毁灭计划不是在风景优美的地方出炉。如果真是这样，人们把自己的居住地搞得山清水秀，心情会不会变得平和一些呢，心情平和了，争斗也能减少。

古今中外，为人类文明教化起过作用的人几乎都是在一方环境优美的地方成长的。我们讲人类的教育，一定要注意被教育者的生活环境。原来一讲“穷山恶水出刁民”就觉得是在诬蔑劳动人民或是造反起义的农民。实际上转换一个思路，你可以认为在“穷山恶水”环境里生活的人们在恶劣的环境里心情难免极端，在这样的环境里生存，改变一定会成为生存的需要和动力。

东拉西扯没个主题，如果需要总结个主题，那就是人不应只卖力盖高大宏伟的房子，更应该注意营造高大宏伟房子之外的环境，哪怕只几棵树，几株草，几条小溪。这甚至关系到人类心灵的教化。

回想当年郁达夫笔下的北京吧：城河两岸的垂杨古道，倒影入河水中间，也大有板渚隋堤的风味。河边隙地，长成一片绿芜，晚来时候，老有闲人在那里调鹰放马。太阳将落未落之际，站在这城河中间的渡船上，往北望去，看得出西直门的城楼，似烟似雾的，溶化成金碧的颜色，飘扬在两岸垂杨夹着的河水高头。春秋佳日，向晚的时候，你若一个人上城河边上走走，好像是在看后期印象派的风景画，几乎能使你忘记是身在红尘十丈的北京城外。

这景色北京直到 20 世纪 60 年代隐约还有，现在没了。

（自由撰稿人）

# 寻找非线性中的逻辑

刘方磊

非线性即 nonlinear，是指输出输入不成正比例的情形。如宇宙形成初的混沌状态。自变量与变量之间不成线性关系，成曲线或抛物线关系或不能定量，这种关系叫非线性关系。

“线性”与“非线性”，常用于区别函数 $y = f(x)$ 对自变量 $x$ 的依赖关系。线性函数即一次函数，其图形为一条直线。 其他函数则为非线性函数，其图像不是直线。非线性的复杂逻辑是由无数个内因与外因共同发生作用的。其作用拟合成 $y = f(x)$ 函数，只是因果关系的简单表达。而 $y=f(x_1)+f(x_2)+f(x_3)+f(x_4)+f(x_5)$ 则是相对准确的因果逻辑。其由诸多因素决定，而非单一因素。诸多 $x$ 的相对关系也非静止孤立。任何两个要素均存在直接或间接的关系。“关系”无处不在，无时不在。结构既是一种观念形态，又是物质的一种运动状态。结是结合之意义，构是构造之义，合起来理解就是主观世界与物质世界的结合构造之意思。其在意识形态世界和物质世界得到广泛应用。

这样，我们可以看出非线性不应是“解构主义”，也不应是单一“结构主义”，而应是复杂的“结构主义”。

结构主义很深远，结构应该隐含建筑的深意，只是我们没察觉。解构是破而未立，简单结构主义是立而不破。复杂结构主义是破中有立，立中有破，符合创新的规律，不拘一格却又一脉相承。

因为彼此关联，结构代表着一定的可推导性。逻辑学是人们认识世界的基本工具。逻辑是人的一种抽象思维，是人通过概念、判断、推理、论证来理解和区分客观世界的思维过程。

传统的形式逻辑蕴含了线性思维方式。把“形式”逻辑思维方式看成唯一的思维方式，把“形式”逻辑的运用范围扩大到所有对象，特别是需要复杂性思维的经济领域，就会出现悖论。人的认识是从模糊到精确、从抽象到具体的过程，是科学发展的契机。逻辑学是研究思维形式的学问。由于“关系”的普遍存在，万物有了复杂的联系，“非线性”关系常常可以近似拟合成线性关系，以进入理想状态进行研究与分析，从而进入可控状态。复杂结构分解拟合为若干简单结构进行逻辑推导，或者建立一种逻辑解释简单结构，从而试图解释复杂结构。

在宏观世界、中观世界、微观世界中，人们建立不同的思维模型以及公理，这就是在建立一种逻辑。

非线性是自然界的一种普遍存在，它是由一系列复杂结构建立起来的，也必然需要一系列复杂逻辑来解释，同时必然进入一种多元论的层面。即事物是由多重因素决定其走向的。

由此可以看出，任何非线性建筑设计均应由背后的复杂逻辑进行支撑。

建立逻辑是符合人们的思维模式的，没有逻辑人们将无法进行交流与互动，同时也会进入不可知领域的迷雾之中。

一旦我们寻找到了非线性中的复杂逻辑，我们就掌握了非线性的规律，就能够使得随机的感性美学呈现出理性的光芒。而严谨的理性也因非线性焕发出崭新而灵动的风貌。

（北京市建筑设计研究院有限公司 1A4 室主任兼总建筑师）

# 写给死亡的诗歌——说说陵墓建筑

舒　莺

建筑和艺术必然相通，生与死是艺术永恒的主题，同样也就成了建筑迈不开的内容。生者居其屋，死者葬其穴。生者有三六九等，房屋就有宫室、华厦、白屋之分；属于死者的阴宅一样有属于自己的建筑语言。死亡，这个充满哲学意味的命题因陵墓建筑而显现出别样的深邃含义，死者的世界也因建筑而走向艺术化。

看过不少帝王的陵寝，从十三陵地宫到始皇陵，各种巨大的石构件组合成庞大威严的冥宫地殿，追求穿越死亡走向永恒是陵墓建筑的主旨，皇家的威仪和帝王的尊严在另一个世界也不容忽略。在主要使用木结构为传统建筑建材的东方，石匠们是没有地位的，但在古中国的陵墓建筑中石匠展现出了他们非凡的技艺，众多在阳宅中已经腐朽难寻的精美技艺奇迹般复活在陵寝之中，经历千百年岁月沧桑，不改容颜。几千年建筑史上找不到石匠们的名字，他们的巧手却使得这些献给死神的建筑成为不朽的伟大艺术，超越了陵墓主人本身存在的意义而与日月同辉。所以，我们崇敬地仰望古埃及人修建的金字塔，更对始皇陵的开发满怀好奇，须知后者作为世界八大奇迹之一如何在千百年前克服现代人也难以解决的大跨度结构设计问题进行地宫的成功修筑，至今也依然是个悬而未决的谜。

作为建筑艺术文明的一项重要内容的陵墓建筑，一是包含了人们极其复杂的情感，除了宗教信仰和近乎于玄幻的构想，更多的出发点还在于一是实用；二是审美，前者代表作是普通人的墓园，后者代表作是为纪念意义而建的陵园。

普通人的陵园中，我最感喟的是在澳门看过的旧西洋坟场。私底下认为这是不可不看的一处地方，其价值和美感并不逊于大三巴。墓地同居民住宅毗邻，位于城市中心的公墓在南洋灿烂的阳光下寂然无声，阳宅和阴宅竟如此贴近而又如此和谐地共存，阳宅密实地包围着墓地，死生纠缠。仅一瞥之间我已经深深被花岗石墓碑上面代表天国与神灵召唤的各式精美西洋雕塑震撼，对死亡愈发怀了一份巨大的敬畏。这里没有英雄和伟人，和生人一道沐浴阳光的是一群凡夫俗子的亡灵，在死亡之神制造的永恒静默中提醒生者：人皆有死，好自为之。

说到纪念意义的陵园，绕不开一座伟大而非凡的建筑：印度泰姬陵。这颗“爱神加玛永恒的一滴眼泪”（泰戈尔）作为莫卧尔王朝时期建筑的巅峰之作，白色大理石建筑精确地对称建造，布局单纯，肃穆而明朗，林木花园与水中倒影融合，使人感觉整个陵墓清真寺浮游在天地之间，在不同时刻霞光的映照下呈现出不同的光影色彩，这座陵墓超越了所有墓地建筑的阴森恐怖色彩。

史传国王沙杰罕动用了 2 万名役工，汇集了全印度最好的建筑师与工匠，同时中东、伊斯兰地区的众多出色建筑师、匠人也参与其中，耗费 15 年的光阴，集伊斯兰教的建筑风格与印度建筑的精华于一体，方才树立起这座国王纪念逝去的爱妃泰姬玛哈的白色大理石陵墓。这件伟大的建筑艺术品建成之后甚至征服了它的最初创意者本人，被儿子推翻王位而囚禁的国王只有一个要求：“请你为我留一扇窗，好让我可以与你母亲的陵墓日夜相对。”

原本是一个人伤心的奢华纪念品，最后成为亿万人为之倾倒的爱的精美艺术品，雅马萨奇是其中之一。这位设计了美国世贸双子塔的建筑师在泰姬陵前一坐几个小时，“就比例、优美的细部和观念的卓越来看，我认为它是无与伦比的。作为一座纪念性建筑，观赏它就是一种享受。”他臣服于陵墓建筑的美，并且深感其中有真意，欲辩已忘言。

“邀请心地纯洁者，进入天堂花园”，泰姬陵高大拱门上镶嵌的经文发出圣洁的感召，生与死的话题在这座陵墓面前化为一首超然的诗。伟大的建筑可以征服时空，穿越生死。

（重庆市设计院建筑文化工作室主任）

# 定力与张力的互动制衡是创新功底之魂

## ——从吴冠中大师的格言领悟建筑创新的奥秘所在

布正伟

在设计实践中，总感觉到有一种无形的惯性力在拉住自己，要想有所突破，就非得下大力不可，但费劲儿不当，又不免走偏、失误，这其中有没有什么规律可循呢？……

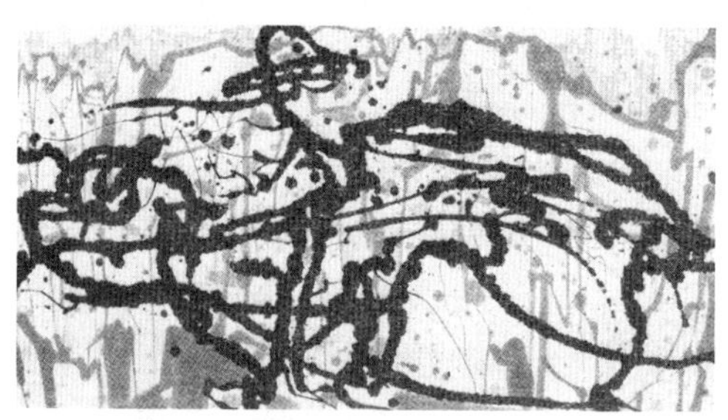

吴冠中以墨彩画《松魂》来说明，他用联系着"生活中的源头"而又"可以认识的抽象美"，来把握与观众有成效的交流（1984）

### 1. 在职业建筑师的设计实践中，我曾按照"做顺—做熟—做巧"的步骤去努力，但到了"熟能生巧"时又遇到"熟也添堵"的困扰……

50多年前，建筑设计课强调的"基本功"，就是建筑的"构思，构图"，还有"表现"。那时要讲什么"建筑创新"或"创新思维"，就等于说"还没有走稳，就要学跑步"一样。我一直牢记着徐中导师传授的"设计经"，并总结为32个字："手脑并用，揣摩门道；体察生活，切忌浮躁；勤做多练，严谨思考；眼高手高，眼到手到。"在走进设计院时，我把"做顺—做熟—做巧"这三步，作为天天努力的进程。首先，一定要在多做多想中把设计"做顺"。经验积累多了，就会做熟了。然后，水到渠成，才能做巧。在这个笔不离手的长期实践过程中，我虽然尝到了"熟能生巧"的甜头，但苦恼也随之而来：正因为把功能、结构、空间环境、视觉形象等各个设计环节都摸熟了，所以应对起设计任务来，就很容易被自己脑子里已有的模式"套住"。我也有过摆脱"惯性思维"而走向"纯粹畅想"的经历，

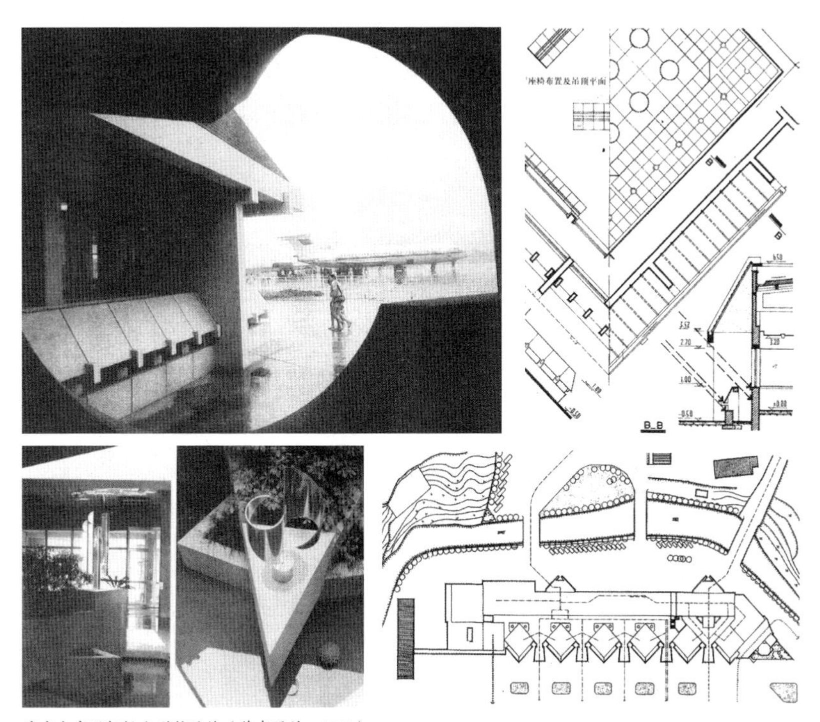


重庆白市驿机场小型航站楼（作者设计，1984）

聚焦气候设计和节能要求，以单元式候机厅替代“大空间”模式，并在旋转45° 的各个方形候机单元西侧，采用了窗上大披檐加窗下外凸斜栏板的组合式遮阳，“天井”小环境的水池、花台和抽象雕塑，也被引入到港厅的空间设计之中——由这些异常变化构成的“建筑张力”，既来自理性因素，也包含了情感因素，给这座矮小的航站楼注入了不少生气和活力。[1]

但这种虚构的结果，总免不了有一种“生涩难言” 的东西作怪。在东撞西碰中吃了不少苦头后，才明白过来：创新思维既不能躺在“熟能生巧”上吃老本，也不能背离生活到“空中楼阁”去找灵方妙药。我虽不知道同行是不是都有这种体验，但我确信，在职业建筑师成长的过程中，当设计开始变得有些“轻车熟路”的感觉时，那很可能就是自己“作茧自缚”的时候到了，该认真去寻找走出“自我封闭”之笼的途径和方法了……

**2. 体察到“建筑创新”是在“量身制作”中寻求并掌控建筑的常规变化与异常变化时，我还以为这就是找到“创新思维”的奥秘了……**

改革开放以来，“创新”成了建筑界延续至今的热门话语，我自然也要跟得上趟。庆幸的是，自己思想上也确实有一个飞跃：在“自在生成”理论的探索中，体察到了“建筑创新”离不开“在量身制作中讲求变化”这个门道。这正如给特定的人设计定制的服装一样：服装设计师首先要注意到对象在身材尺寸方面的一般要求，这可以看作是服装设计中要考虑的“常规变化”；然后，还要根据对象的气质、性格、形象特征，乃至着装季节、场合，去悉心考虑在用料与款式方面能适应对象的特殊要求，这便是服装设计中要讲究的异常变化了。我从服装设计师的职业操作特点想到了，“建筑创新”的本质和“建筑创作”的本质是一回事，都是“量身制作”——都要根据具体任务和具体条件，通过寻求适宜的“常规变化”与“异常变化”，去突破习以为常的建筑模式。这一点，恰恰是可以通过建筑哲学意义上讲的“建筑共性”与“建筑个性”来加以印证的：没有“常规变化”就没有“建筑共性”，而没有“异常变化”，也就谈不上“建筑个性”了。可见，建筑中的“常规变化”和“异常变化”，就像建筑中的“共性”和“个性”一样，是建筑整体中的两个方面。进入这样一种自圆其说的思想境界，我还真以为上面说的这些，就是“创新思维”的奥秘所在了。但在后来受到的深深触动中发现，自己在“创新思维”的深水里，还远远没有“潜到底”啊！

### 3. 绘画大师吴冠中讲的“风筝不断线”让我最终领悟到：“创新思维”只有沿着它的“定力与张力互动制衡”轨道，才能正常运行……

2011 年，我参加了中国建筑工业出版社在京举办的邹德侬新著《看日出——吴冠中老师 66 封信中的世界》首发式座谈会，我和与会者一样，十分敬佩和感叹吴冠中先生全身心融入本土，在现代绘画艺术创作中所取得的非凡成就。还在 20 世纪 80 年代，吴冠中先生为首都机场卫星式航站楼创作的北国风光巨幅油画“银装素裹”的绘画语言之纯和幽远意境之美，就早已铭刻在我脑海里了。这次座谈会，又让我回想起了 1996 年邹德侬在《新建筑》01、02 期上连续发表的长篇评论：《吴冠中艺术对建筑师的启示》。那个时候，我就听他讲过吴先生关于“风筝不断线”的论断以及对我们立足本土进行建筑创作的指导意义。2010 年吴先生逝世后，我带着追思大师艺术创作实践的崇敬心情，老是在揣摩他那句“风筝不断线”里所包含的深远含义，生怕自己望文生义而丢失了什么。

邹德依对吴冠中艺术有一个十分地道的总结，他说，吴冠中的艺术语言是

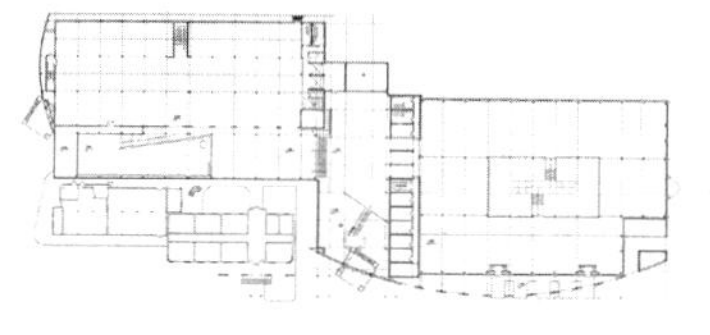

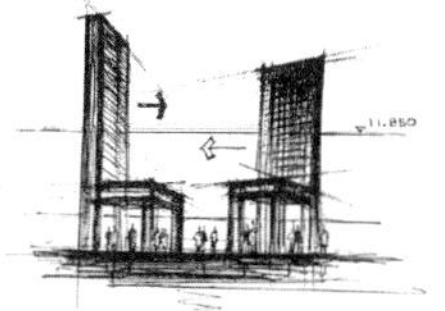

北京泰德家沙发世界（作者与罗岩合作设计，由厂房改建，2000）
厂房长边设置的浅弧形遮阳挡光墙面，构成了流动中的小灰空间。打破这一水平量感的，是在主要出入口处耸立的“红”、“兰”两把钢椅——既隐喻家居主人为地位平等的两把交椅，又以其与建筑空间设计一体化所形成的“建筑张力”，强化了这座紧邻四环高速路一侧的家具超市的标志性展示。兰、红双椅的尺度，充分考虑了在高速行驶中，我们能敏捷地捕捉该家具超市目标的需要。[2]

在叙述“审美客体的美学本质和灵魂是‘可以认识的抽象美’”。[3]1983年，吴先生发表在《文艺研究》第三期的文章《风筝不断线》强调的就是，他所追求和探索的是“可以认识的抽象美”，而绝不是脱离观众的画家随心所欲的抽象。文章描写了他在泰山“写生三松，几番再创作，最后作出了这幅《松魂》的经过”。他认为，不论运用怎样的手法，把从生活中来的素材和感受抽象成了某一艺术形式，“仍须有一线联系着作品与生活的源头。风筝不断线，不断线才能把握观众与作品的交流。”[3] 我在细心地体味吴先生所讲的“风筝不断线”的本意时，也再一次领会了邹德侬对这句话的内涵引申的诠释——建筑创作不能断掉“建筑本体，中国国情和现实生活”这条线。由于与自己理论思考中原有的“心结”相关联，我情不自禁地把吴先生的这句话，同我们的创新思维活动联系起来了……

“风筝不断线”这个比喻对我的感染力，来自我童年放风筝时的亲身体验：既想让风筝飞得高高的，自由自在的；又想让它乖乖的，既不掉下来，也不飞跑了。其实，原理很简单：要想飞起来，就必须有风产生的“上升力”，而不让它飞跑了，还得有线牵着它的“拉力”。 风筝正是在这种“上升力”与“拉力”的相互依存中，在天空中频频摇摆，翩翩起舞。看上去，高高在上的风筝是那么“自由”，但如果没有地面上的“牵手”，这种潇洒的“自由”很快就会跟着消失了。“风筝不断线” 让我看到了这个生动隐喻中所提示的“无形之力”——风筝的“拉力”，那不就是“定力”吗？让风筝能克服地心引力而放飞的“上升力”，那正是与“拉力”作用相反的“张力”啊！不论风筝飞到什么高度，都是作用在它上面的“定力”与“张力”互动制衡的结果，而一旦失去了这种“互动制衡”，风筝也就在天上待不下去了。由此，我转而想到，创新思维要自由自在地捕捉目标，就一定离不开思维定力，也离不开思维张力——思维定力使建筑创新扎根于生活，并为广大受众的接纳奠定基础；思维张力，则使创作思维能够摆脱惯性束缚，在突破中寻找到创新点。一句话，创新思维只有沿着它的“定力与张力互动制衡” 轨道才能正常运行。

**4. 从精神层面的创新思维，到面向物质层面的创新运作，都需要求真务实地落脚到关键性的建筑创新“量身制作”的把控机制上来……**

创新思维中的定力与张力互动制衡规律，跟创新行为中的实际运作有着怎样的内在联系？建筑创新“量身制作” 的目标该如何去实现？其中的关键环节又在哪里？对这些问题的思考，会使我们一步一步地加深对建筑创新“量身制作”把控机制探索的浓厚兴趣。

**（1）影响建筑创新“量身制作”的各种因素。**

建筑创新“量身制作”的最终成果是建筑作品的空间形态（即：内外形体＋内外空间＋内外环境），直接影响该建筑空间形态“量身制作”的关键性因素来自六个方面：建筑工程任务书的要求、创新思维路线的走向、设计构思及其创意的专业水平、建筑创新表现层级的度量、建筑定力与建筑张力状态的把控、建筑常规变化与异常变化的调控。

**（2）建筑创新“量身制作”把控机制的程序。**

A. 建筑创新构思意向的酝酿——结合现场考察收资情况，消化并研究设计任务书的核心内容，确立突破模式寻找创新点的基本意向。

B. 建筑创新表现层级的度量——参照国内外建筑实践所展示的“普适性表现层级、高端性表现层级、极端性表现层级”的大体情况，根据工程性质及其相关条件和要求，去做比较、度量，从而明确这个关系到创新思维路线走向的参照性选择。

C. 在构思意向形成和表现层级确认的基础上，通过对建筑各个层面上设计因素的考量与抉择，就可以开始转换成建筑的各种图式表达，从建筑图形的展现中，便可以看出“建筑定力”与“建筑张力”构成的基本状态。

D. 审视建筑图式表达，检验建筑张力与建筑定力的状态，是否与建筑作品适配的表现层级相适应，这就需要对建筑张力和建筑定力展示的状态做出鉴别，以决定是否对其力度的强弱作出相应调整。
建筑张力及其定力的状态与建筑表现层级的对应关系，一般可参照
a. 普适性表现层级：建筑张力在与定力制衡中呈“平和彰显”状态。
b. 高端性表现层级：建筑张力在与定力制衡中呈“优越展示”状态。
c. 极端性表现层级：建筑张力在与定力制衡中呈“超强夺势”状态。

E. 检验建筑图式表达中异常变化与常规变化的构成及其走向是否与设计创意相融合，是否与建筑张力和建筑定力的合理状态相适配。由于“建筑张力”和“建筑定力”分别反映在建筑图式表达的“异常变化”和“常规变化”中，因而，通过合理状态下建筑张力和建筑定力的认定，便可以把控并调节异常变化与常规变化的相关状态。

F. 对初步设计方案，从总体上去检验把控机制中各程序完成后所产生的综合效应，以便对其中的薄弱环节或整合中的不足进行必要的弥补、调整。

以上对建筑创新“量身制作”把控机制的描述难免有些刻板，其实，具体过程在设计运作中瞬息万变。这种描述可看作是一种理论思考逻辑的参照，从中可以看出，在建筑创新“量身制作”环环相扣的“连环套”中，归根结底，是要落脚到建筑张力及其异常变化的把握与调整这个要害上。

**（3）建筑创新“量身制作”把控中的关注点。**
创新思维中定力与张力互动制衡规律贯穿于创新设计行为的全过

上海当代艺术博物馆（章明、张姿设计，由厂房改建，2012）
厂房的外部形态和内部空间秩序，乃至工业遗迹这三部分的固有特征，成了设计者手中构成该博物馆独特建筑张力及其异常变化的宝贵资源和素材。他们的创造性更体现在，借此建筑张力及其异常变化创造了漫游式的观展——体验方式，开拓出了“充满变数的弥漫性的探索氛围”。[4]

程，由于这种定力与张力是相互依存、缺一不可的，因而，任何时候，“定力与张力的互动制衡”都不能看作是“有我无你、有你无我”的“零和游戏”。

在设计运作中，我们所应考虑的来自建筑中各个层面上的设计因素，都会直接影响到建筑定力与建筑张力的形成，诸如：可持续发展的设计目标；与建筑所处自然环境与人文环境的协调；由建筑的物质功能系统、技术保障系统、经济支撑系统等所提出来的各种复杂要求，乃至包含于现代设计理念中的不同价值取向等。

在建筑创新“给力”的总趋量中，要特别注意对建筑张力和建筑定力展示出的力度强弱的影响，因为这种影响会集中地反映在建筑的异常变化和常规变化之中。在它们彼此联系的这些关系上，如果出现“不合度”、“不合宜”或“不适配”、“不适应”问题的话，那么，建筑创新也就失去了“量身制作”的本质意义。

作为我们对创新幅度的一种参照，文中所提出的“普适性、高端性和极端性”这三个表现层级，具有金字塔式的“生态性”构成特征：
① 极端性表现层级在塔尖上，这表明这个层级上抢眼夺势的建筑为数有限，是全球化背景下激烈竞争的产物；② 高端性表现层级在城市化进程中，有出彩的表现，是提升城市活力与竞争力的一种途径，但从城市建筑的总体来看，毕竟还是“支流”；③ 普适性表现层级的分量很重（其中也包含了不同程度上的创新表现差别），从金字塔基底向上延展，占有全塔身的绝大部分。我们千呼万唤的“公民建筑”就属于这个“主流”部分。普适性表现层级的创新之路虽漫长，艰难，但越来越为我们所向往。

以上说的这些，是我在吴冠中先生讲的“风筝不断线” 的启示下，近两年来做出的一些理论思考和相关诠释，尽管还是粗线条的，但作为基本观点来说，我仍看作是对《自在生成》建筑理论的必要补充[5]。

**5. 真切的感受表明了，对创新思维路线的把控以及创新技能的提升，都有赖于我们运用“定力与张力互动制衡”规律的不懈努力……**

我从建筑创作实践中，真切地感受到了，“定力与张力互动制衡规律”这个命题，不光适用于“创新思维活动”的范围，而且，对“建筑创新实践的整体”来说，也同样是成立的。

首先，我特别感觉到，需要将“定力”与“张力”的概念融入自己的设计（潜能）中去：在自己的头脑中，要储备好用于想设计和判断设计的“定力思维” 潜能和“张力思维” 潜能，以免在设计运作的节骨眼儿上抓不

长春科技文化综合中心（曼哈德·冯·格康，尼古劳斯·格茨设计，2012）

“外收内放”的空间形态设计创意，完全打破了不分青红皂白一味照搬的“外张内秀”模式，既真实地反映了高寒地带建筑的外显特征，又满足了博物馆建筑避光遮阳的要求，而内部展览空间引人入胜的有趣变化，则展现出了室内建筑张力的别样风韵。[6]

住要领而“掉链子”；同时，在每个设计阶段，都要能看清各种建筑图式表达中所展示的物质化的“建筑定力”与“建筑张力”以及与此对应的建筑“常规变化”与“异常变化”的基本状态。只有这样，在创新路线曲折多变的各个“拐点”上，才能做到“眼脑并用，手脑同步”地拿捏住建筑图式表

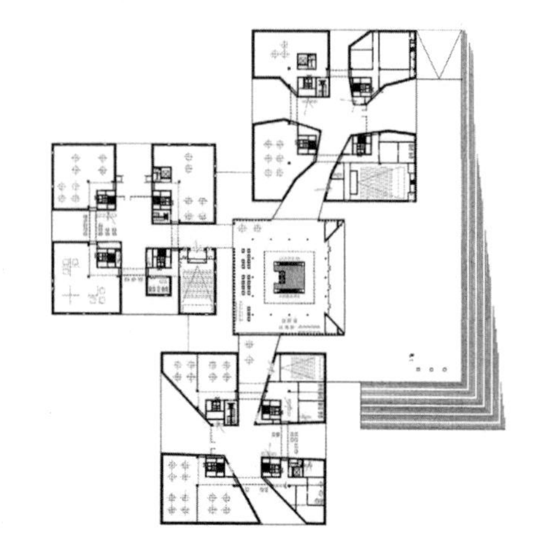

达中的全局。

我格外注意到，在设计运作中，不能只在找具体形式变化这一点上做文章。在许多时候，都需要转到对建筑定力与建筑张力各自的强弱是否“适度”又是否“适配”的判断上来，从这个“抽象的高度”，去看设计中的常规变化和异常变化该如何“构成”，如何“收、放”，这样才能直击问题的要害。钻进牛角尖里去搞“变来变去”的花样，终将于事无补。

在参加过的建筑方案设计评审会或评标会上，我常发现，由于对设计中的常规变化把控不当，而使充满建筑张力的异常变化失去了审美心理上的支撑基础。常规变化掌握不好，异常变化的操作也就无从谈起。表面上看，建筑创新的“重头戏”似乎是在“建筑张力”和“异常变化”的形成与表现上，但实际上，离开了“建筑定力” 和“常规变化”的铺垫与帮衬，这个“重头戏”就演不好，甚至演砸了。

我们很容易误认为建筑张力的形成，只是来自纯艺术审美中的情感要求，因而，总是想着让“建筑张力”的表现随着自己的非理性畅想“起舞”。其实，受环境、功能、技术、经济等理性因素的激发而产生的“建筑张力”，不仅在设计中出现的可能性更多，逻辑性更强，而且，受这种“建筑张力”制约所展示的“异常变化”，还可以将建筑表现中的情感因素，同已渗入进来的理性因素有机地融合起来，而这样产生的建筑审美效应，自然就更容易为广大受众所接纳，所认同。

吴冠中先生讲的“风筝不断线”，让我得到了意想不到的收获。我似乎给自己加了一种“习惯”——在潜心阅读优秀建筑作品的平、立、剖面设计图时，去悉心感觉隐蔽在其中的“建筑张力”和“建筑定力”的强弱变化，还有它们的默默交织、起伏、涌动……“原来，建筑也是画在纸上的‘江河溪流’啊！”没想到，人都过 70 了，在建筑师职业心理上还增添了这种特别“嘎”的审美感受。这又让我想起了读研时，徐中导师特意给我讲过如何欣赏“波瑟”（法语一词的译音）的事，说的是剖面设计中的断面之美。现在呢，我所欣赏的设计图形中的“力量之美”，就包括了剖面图形中“力”的传递和流动……

天津文化中心（城市设计与单体设计各单位各团队，2012）
弧线形与直线形构成的总平面布局动势与新建的各单体建筑张力的平和表现，取得了相得益彰的对比效果，同时，也巧妙地解决了原本很难与已有的自然博物馆“白天鹅”张扬形体相协调的问题。可以想象，如果新建的大剧院、图书馆、美术馆等，把控不住建筑创新中“定力与张力互动制衡”这个大局，而各行其是的话，将会产生什么后果……[7]

日照市山海天阳光海岸公共设施系列（HHDFUN 设计，2012）
日照市海滩以优化后的多变曲面体建造的公共设施系列——游客中心、卫浴组团、岚桥酒店会所（由总平面图依次往下），其参数化设计尽管是“低技术”的，但由于在彰显建筑张力及其异常变化上均做得到位，而没有常见的那种“生硬、造作”的印记，从而创造了极富现代休闲生活气息的海滩自然景观。[8]

以上这些新鲜而又真切的感受告诉我，在极其丰富而多变的建筑创新实践中，随着生活体验和创作经验的不断积累，我们对“定力与张力互动制衡”规律的认识和运用，就会越来越有血肉，越来越有兴头儿，而正是在这种不知不觉的努力中，我们所寻求的“创新功底之魂”，也就不期而至了……

2013 年 10 月 7 日 全活儿终结 于芳草地阳光 LAOK 之角

## 注释


[1] 丛书编委会：《当代中国建筑师——布正伟》，17~24 页，北京，中国建筑工业出版社，1999。

[2] 布正伟，罗岩：《建筑空间的转换——从工业厂房到家具超市》，载《建筑学报》，2000（12）。

[3] 中国建筑文化中心组：《邹德侬文集》（中国建筑名家文库），324 页，武汉：华中科技大学出版社，2012。

[4] 章明，张姿：《上海当代艺术博物馆》，载 070《城市·环境·设计》（UED）2013 / 3+4。

[5] 布正伟:《怎么就可能把建筑看得和做得明白一点?》，载《建筑评论 4》，天津：天津大学出版社，2013。

[6] 《科技文化综合中心》，载 073《城市·环境·设计》（UED）2013 / 07。

[7] 沈磊，李津莉，侯勇军，杨夫军：《整体的把控 本质的追求》，载《建筑学报》2013（6）。

[8]《“低技”参数化——山海天阳光海岸公共服务设施》，载 071《城市·环境·设计》（UED）2013 / 05。


（中房集团建筑设计有限公司资深总建筑师）

# 在德国感受"二战"事件文化

金　磊

德国是"一战"、"二战"的发起国和战败国，但世界人民在痛斥纳粹法西斯罪恶的同时，也用一种对比方式，感怀德国与日本完全不同的历史观。68年前，苏联红旗在国会大厦升起；24年前，柏林墙轰然倒地。走过二战的硝烟与冷战的寒冬，世界正重新焕发生机，如今柏林已成为一座活力四射的国际大都会。令人佩服的是柏林旅游局的官方网站上，专门向游人推荐柏林的几处"二战"纪念建筑。近十几年来，笔者一直倾心以"二战"事件为背景的建筑学研究，先后策划主编出版了《中国抗日战争纪念雕塑园》（2004年）、《抗战纪念建筑》（2010年）等专著，2013年8月初有幸到德国的柏林、慕尼黑诸城，在感受大树参天、茂林成片的城市风光时，更瞩目着"二战"纪念建筑与遗址。令我感受最深的是德国敢于面对历史的真相，做真正的忏悔，实属可贵。柏林洪堡大学前有一个地下图书馆，书架上空无一书，纳粹曾在此烧毁两万多册图书；柏林完整地保留了波茨坦公告签署地；保留了部分柏林墙；保留了被炸教堂的断壁，并建有苏军胜利纪念碑，可绝对找不到任何供奉战犯的场所，在德国不会有穿纳粹军服招摇之人。几天的行程中，我们怀着异样的心情凭吊了犹太人纪念碑、犹太人纪念馆；位于魏玛的布痕瓦尔德集中营、位于慕尼黑的达豪纳粹集中营、纪念馆等，希望通过这篇基于"二战"纳粹罪恶事件的建筑追踪的文字，唤起业内外人士对世界上所有"二战"建筑遗产的关注。

## 一、柏林大街特殊展览的联想

来到柏林的第二天一早，就急迫地前往闻名遐迩的1994年收入联合国教

图 1 德国 1933 年特展宣传册

图 2 柏林大教堂广场附近的德国 1933 特展

科文组织世界文化遗产名录的柏林“博物馆岛”（老博物馆、新博物馆、佩尔加蒙博物馆、博多博物馆及国家老美术馆），它们兴建于 19—20 世纪的百年间，分别由申克尔等几位知名建筑师设计，在该岛上可欣赏到有六千年文化史的艺术精品。当我们行走到柏林大教堂广场时，最吸引人眼球的是由几十块红、黑、白色圆柱展板搭成的展览宣传栏，定睛一看，是用德文注释的展览的基本含义：“被摧毁的多样性：1933—1938—1945 柏林纳粹时期”。该展自 2013 年 1 月 30 日至 11 月 9 日展出，展示了自 1933—1945 年二百多位曾为自由付出的各界杰出人物的生平及照片。展览的两个日期指 80 年前希特勒被任命为德国总理，而“水晶之夜”指 75 年前的 1938 年 11 月 9 日至 10 日凌晨，希特勒青年团、盖世太保和党卫军袭击德国和奥地利的犹太人事件。展览在德国历史博物馆展出，它通过大量史实记录了纳粹上台后的一系列专制统治对民主的毁灭，甚至发生迫害的历史。展览足以说明：每个民族在历史上都有很痛的伤疤与耻辱。我们有，他们也有，只有正视它，历史悲剧才不会重演。展览更表明，德国对历史上的纳粹法西斯犯下罪恶的一种态度。 展览是德国历史的“立此存照”，它清晰地表达了自 1933 年纳粹希特勒上台后是如何毁掉柏林自 20 世纪 20 年代发展起来的多样社会及先锋文化的，核心重在反思纳粹思想的根基。

图 3 柏林犹太人纪念碑群

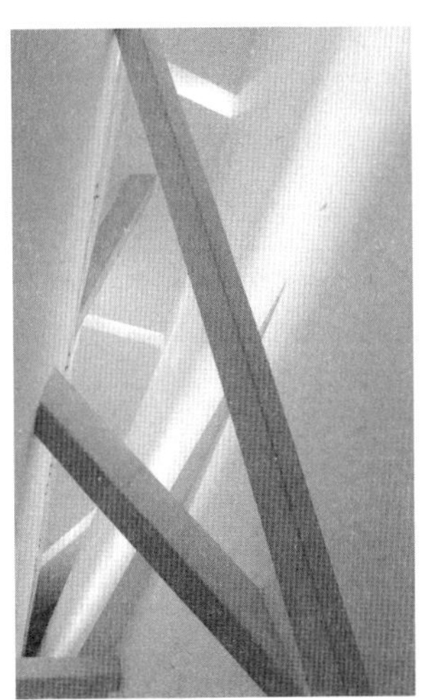

图 4 柏林犹太人纪念馆内景

柏林犹太人大屠杀纪念碑群是我们造访德国战争灾难文化的第一站。美国建筑师 Peter Eisenman 在柏林市中心 1.9 万平方米的土地上，树起了 2711 块高大的水泥石碑。尽管纪念碑群的规划与确定在当年备受争议，直到 1999 年才获议会支持并动工、2005 年 5 月才正式对外开放。但如今，它犹如起伏如波的露天丛林，更像是灰色的血滴印记，深深镌刻在德国这块土地上，任凭世界各地的人们穿梭在那高低错落的墓碑石林间，无论是漫步、感受、沉思都能体味到无情杀戮之沉重。在纪念碑群下方是一个名为“信息之地”的地下档案馆，其中的遇难者姓名墙，记录了所有遇难者的名字与生平，信息量之大要花上十余年才可能将它们逐一读完。柏林“二战”纪念建筑的第二站是笔者一直向往的柏林犹太人博物馆，无论是已造访过的中国安邑抗日战争聚落的战俘馆，还是美国华盛顿犹太人大屠杀纪念馆，都可感受到有共通的地方。该馆向世人展开了一段从中世纪到现代德国犹太人的发展历史和灿烂文化。该建筑由美籍犹太人丹尼尔·里伯斯金（Daniel Libeskind）设计建造。建筑给人的最深印象是以金属包裹的银灰色外观，长而曲折的形体犹如一道闪电，许多细长的开口，既是博物馆的窗户，也如被刮破的躯体之伤口。参观线路更打破水平进行的传统，向前直行就是现实命运线即一个狭长的主楼梯，重点是前面有一面隐喻反省的白墙，处处可见建筑师让人眩晕的设计，因为他旨在传达一种被“流放”的意念。推开尽头厚重的门进入黑色塔体内，没有任何照明，只靠一个小三角形窗口投进微弱的光线，大大增强两侧墙壁的压迫感，如同犹太人被囚禁的情境。连接旧馆与新馆的地下通道（Axis of Continuity）和大屠杀恐怖之塔，与“逃亡者公园”构成岔道，象征着犹太人的苦难抉择。柏林的第三站要属柏林城内的苏军占领柏林的遗迹，在柏林市共有两个苏军纪念碑和一处德国投降书签字处。我们造访的是位于西柏林的勃兰登堡门以西“六月十七日大街”的苏军烈士纪念碑，纪念碑前两辆苏军坦克摆在那里，分外醒目，伫立其中令人联想颇多：一是为什么德国有胸怀允许战胜国苏联建纪念碑；二是德国有信心在世界公众面前展示它反法西斯的精神。

图 5 魏玛集中营海报

为了进一步深入探访德国纳粹的“二战”遗迹，我们在造访慕尼黑的途中，先来到有德国文化古都及第一共和国诞生地之称的魏玛。1919 年德国第一届国民议会在此召开并制定了第一部共和国宪法，成立了德国历史上第一个共和国，虽然魏玛共和国所开创的民主社会随 1933 年希特勒上台而被扼杀，但其历史意义及地位不容忽视。在德国反思纳粹集中营的罪恶教育已进入德国中学课程，很值得我们深思。布痕瓦尔德纳粹集中营纪念馆 (Gedenkstatte Buchenwald) 坐落在魏玛市西北约 10 公里的埃特斯山上，是 1937 年建立在德国境内最大的集中营，先后共关押 25 万人，其中 5.6 万人丧生，包括德国共产党主席恩斯特·台尔曼（1944 年）。参观集中营是令人痛心的事，尽管德国人自身也有不少怀疑派的不和谐音，但布痕瓦尔德的解说员说，无论德国统一前还是统一后，始终有右翼分子宣称德国不必自己提及屠杀犹太人的罪行，然而德国的正义之举告诫我们，德国是敢于正视自己国家历史的黑暗部分的。1954 年民主德国将此地辟为纪念馆，保存当年集中营时期的禁闭室、毒气室、枪决室。参观时，尽管心情沉重，但想到为了纪念丧生于此的人们，为了永久的和平，人类应记住被害者的名单、简历、遗书乃至日记。德国反省历史不止步，2012 年图林根州已决定为布痕瓦尔德集中营申报联合国世界文化遗产名录。

慕尼黑在德国和欧洲历史上扮演着重要角色，慕尼黑在纳粹历史上一直扮演着纳粹大本营的角色。1938 年签署的“慕尼黑协定”纵容了希特勒的扩张侵略行为，使纳粹德国得以吞并欧洲多国。1933 年建成的达豪集中营位于慕尼黑市西北约 10 公里处的达豪市，它是德国纳粹最早修建的集中营（当时希特勒上台仅几个星期），这也是德国第一座政治犯集中营，也曾是其他集中营学习的“典范”。“二战”期间，有超过 20 万犹太人、同性恋、吉卜赛人、政治上的异见者及战俘被关押在此。1945 年 4 月被美军解放之前，已有超过 4 万人在这座集中营遇难。“二战”后，德国在集中营原址上建立了纪念馆，部分保留了集中营的牢房及设施，并展出大量史料，向全世界的参观者免费开放，目前每年有近 90 万人访问并凭吊。在此访问期间除展品及场所有阵阵压迫感外，达豪集中营纪念馆院落中树立的这一雕塑很感人，它是由南斯拉夫艺术家南多尔·格利德于 20 世纪 60 年代设计制作的，络绎不绝的游客在它前面合影，它几乎成为达豪集中营的标志。

图 6 1946 年获得解放的达豪集中营狂欢的人们

图 7 达豪集中营的标志性雕塑

图 8 达豪集中营的地理位置示意图

## 二、德国二战纪念建筑给人启迪的更多

走访了多处德国“二战”标志性纪念建筑与遗址，随行导游背诵起两位诗人在参观集中营后的感言，他们在诗中说“当一个政府开始烧书的时候，如果不加以制止，它马上就要杀人；当一个政府开始禁言的时候，如果不加以制止，它马上就要灭口”。“所有罪恶的根源，就是善良者的沉默！”在柏林通过勃兰登堡门，穿过菩提树大街即可来到歌剧院广场，这里有以色列雕塑家米夏·乌尔曼设计、1995 年面世的“无书图书馆”即“焚书纪念碑”，在其铜制铭牌旁镌刻着德国诗人、政治家海涅的话，“这只是前奏。焚书的地方，最后人也要被焚”。海涅的话源自 190 多年前他的一部题为《阿尔曼索》（1820 年）的诗体悲剧。时隔 113 年后，柏林歌剧院广场真的发生焚书事件，此后接连发生的抄家、追捕、杀害、流亡事件，使海涅的这一至理名言成为预言。人类无法忘记，1933 年 5 月 10 日，数万名狂热分子高唱《德意志高于一切》的纳粹歌曲参加焚书，刚上任不久的国民教育和宣传部长戈培尔发表了致火词，“在这火光中，不仅一个旧时代结束了，这火光还照亮了新时代”。它宛如火山浇油，使整个活动进入高潮。焚书也即劫书事件所体现的罪恶，“德意志精神”已扩大到人劫的范围。英国学者曾这样评价焚书事件：“纳粹根除非德意志精神的行动，预示着新政府的野蛮残忍的性质。”希特勒“第三帝国”驻波兰总督汉斯·弗兰克在纽伦堡执行绞刑前曾说“千年易过，德国的罪孽难消。”基于此，至今世界人民看到，德国主流社会不但没有掩盖那一段段惨绝人寰、无法回首的历史，而且始终怀着负罪感面对世人，据不完全统计在德国已建成各类纪念设施数千个。为了表示德国人对悲剧不闭上眼睛，自 20 世纪 70 年代以来德政界反思纳粹罪行不断：1970 年时任联邦德国总理的勃兰特在访波兰期间，跪倒在华沙犹太人遇难者纪念碑前；1995 年时任德总理科尔在以色列犹太人殉难者纪念碑前双膝下跪，向遇害者致歉；2005 年时任德总理的施罗德在纪念奥斯

图 9 位于德国国家歌剧院广场的焚书纪念碑

维辛集中营解放六十周年的集会上说，“纳粹犯下的反人类罪行至今仍然是德国人的耻辱，对此，每一个德国人都应该反思，以防历史重演”；2009 年，德现总理默克尔在以色列访问时说“德国将牢记对纳粹大屠杀承担的历史责任”；2013 年 8 月 20 日，默克尔又成为德政界首位访问达豪集中营的总理，她沉痛地表达了“这个集中营代表我们历史中前所未有的恐怖篇章。它是一个警告，警告德国人，他们曾如何因为他人的种族、信仰，甚至性取向，而剥夺了他们生存的权利。”今日德国正是用这种方式一点点留下对历史的忏悔和对未来的承诺，同时它们也因此成为德国人认罪勇气的象征，因此他们可以坦荡地面对良心、面对世界及未来。在德国达豪集中营，默克尔再次做出了正确的选择，同时赢得了世人的尊重和谅解，相比之下日本政界的态度触目惊心，令人齿冷，这种对比让全世界有良知者感慨万千。为此我有两点质疑。

### 1. 同是战败国，日本为什么差距如此之大？

早在 1951 年 9 月 27 日，联邦德国总理阿登纳就在德国议会上宣告，“纳粹的罪行是以德国人的名义犯下的，因此德国人要把道德和物质上的赔偿视为自己应尽的义务。”据有关资料统计，德国已从三方面对“二战”中的受害国做出赔偿：战争赔款约 500 亿欧元；给纳粹受害者个人赔偿约 700 亿欧元；德国企业的赔偿额约为 400 亿欧元。德国法律明示，一切宣传法西斯的言论和行为都是违法的，是要付出坐牢代价的。相比之下，日本政界安倍、麻生之流的言行是反人类的、是愧对世人的。德国战略研究所的日本专家蒂藤认为：“日本首相安倍晋三的历史观很有问题，他在本次和首次首相任期都表示过怀疑二战后纽伦堡大审判的合法性，提出要对“二战”历史做重新解读，认为战后对日本战犯的审判不过是胜利者对失败者的审判。安倍希望以此联合日本社会和自民党内的右翼势力，但如果他坚持做下去，肯定是自民党执政的终结。”2013 年 8 月 15 日是日本无条件投降的战败日，也是世界反法西斯战争胜利 68 周年，但它并未给日本右翼敲响警钟；2013 年 8 月，联合国秘书长潘基文表示“只有政治领导人有正确的历史认识，才能得到其他国家的尊重和信赖”。此话一出，立即受到日本右翼的指责。何为联合国，它本身正是世界人民战胜“德日意”法西斯的产物，《联合国宪章》的宗旨是“欲免后世再遭今代人类两度身历惨不堪言之战祸”。今日潘基文的忠告并非没有根据，在靖国神社问题上，2013年4月春祭时，虽未亲自参拜，安倍却献上贡品“真榊”，8月他又以“自民党总裁”的身份向靖国神社献上贡品“玉串”的祭祀费，更甚的是在2013年8月15日的“全国战殁者追悼仪式”讲话中，只字未提日本在历史上加害者的责任和不战誓言，为此至少有两点必须澄清。① 他的谈话基本上修改了自1993年细川护熙起20年来日本首相“8.15”讲话的基调。当年细川首相说“超越国界，对亚洲近邻诸国等全世界所有战争牺牲者及其遗属，谨表哀悼”，然而安倍的讲话只“御魂”靖国神社的所谓“英灵”及战死海外的“皇军”，甚至不提及“二战”原子弹受害者，更不提及邻国受害者。② 他的谈话公然否定1995年林山富市首相的“8.15”讲话，当年林山首相说“殖民统治和侵略给多国，特别是亚洲各国以巨大损害和痛苦。为免于未来错误，我就谦虚地对待这一毫无疑问的历史事实，谨此再次表示深刻的反省和由衷的歉意。”对于这早已写入《中日联合宣言》且成为国际承诺的“林山谈话”，安倍一意孤行，挑战人类良知，必将难逃出历史的阴影。

图10 苏军胜利纪念碑

## 2. 同为蒙难国，中国该有怎样的反法西斯教育?

有人说，犹太人是最不善于遗忘的民族，我颇同意此种见解。因为在以色列要求学生们每年都要到奥斯维辛集中营去参观，无论这是否是全部的事实，至少说明，这是犹太人教育后代自强的方式。毫无疑问，当代影视作品中有大量关于纳粹在欧洲范围内屠杀犹太人和犹太人出逃的作

图11 达豪集中营入口处

品，其中相当多的来自美国，很多犹太裔的优秀导演、作家乃至投资商都致力于还原这段历史。而相比之下，亚洲对于战争所带来的苦难和至今以日本为代表的依然延续的困境，使反思无法进行下去。

如2013年7月7日是“卢沟桥事变”76周年，在一系列海内外纪念活动中，尤其要提及的是7月7日全国重点文物保护单位南岳忠烈祠举行仪式，接纳仁安羌大捷的202位湘籍英灵，从此忠魂不再漂泊无所依，中国湖南也弥补了迟到71载的追思。垂目默哀，祭奠英烈，世代敬仰，对于这样的壮举笔者是感触良多的。2013年3月《中国旅游报》连续几天的广告版上，刊出湖南衡阳南岳旅游线路及特色的宣传，我从头到尾彻查找竟看不到任何一点关于南岳衡山忠烈祠的介绍，为什么？2013年5月我随中国建筑遗产考察团赴英伦，在飞机上巧遇祖籍衡阳的留学生，但谈起衡山忠烈祠她竟全然不知。对此我扪心自问，为什么国人在纪念抗战时，记忆中只有北京的“卢沟桥事变”地，而全然不知祭奠忠烈的相关场所呢？五岳独秀的南岳忠烈祠是海内外最大规模的纪念抗战将士的英灵的场地，为什么我们宣传得如此不够呢？如今世界似乎并未洗净硝烟，也并非沐浴和平，面对日本不断挑起的钓鱼岛事件，华夏儿女更该同心同德，筑起忠灵永奠、碧血常新的民族之魂。1984年，中共中央总书记胡耀邦参观忠烈祠时当即表示：这个建筑很有规模，居高临下，忠烈祠原匾很重要，很珍贵，有人为国家、为民族的生存牺牲了，应纪念……1943年建筑家林徽因在1941年3月14日对日空战中死去的三弟林恒写下悼词“中国

图 12 达豪集中营纪念图书一览

图 13 《抗战纪念建筑》书影

的悲怆永沉在我心底”。

2011 年 11 月末，在时任国家文物局局长单霁翔的支持下，我主编并靠全国百余名专家的努力，出版了《抗战纪念建筑》一书，无论是抗战史迹建筑、抗战期间的建筑活动、抗战胜利后的纪念建筑都试图通过“二战”史的关联及深度挖掘，重塑抗日战火的建筑记忆。纵观中外，战争总是以建筑物为牺牲品的，但建筑有时确也能经过战火而让社会重塑辉煌和记忆。用事件建筑来纪念一个民族的抗战，是一种智慧的选择；可记载下经典战役后面的英烈面孔不仅是对个人生命价值的展现，更体现民族精神“肌肤”的特殊光彩。“二战”，值得国人肯定的精神和思想到底是什么，这尽管该是史学家、文学家回答的问题，但历史在建筑上留下的斑驳影像让不容置疑的真相扑面而来，因为这里也有麻木与愚昧让人压抑透不过气来的图景。我们的《抗战纪念建筑》一书不仅用建筑，更用经典战役及英烈面孔回答了一系列拷问国人良知的问题，因为遗迹及纪念建筑构筑了一幕幕值得探寻的时空绝唱。“二战”及中国抗战纪念建筑里的一砖、一石、一瓦、一窗、一檐都是英烈的丰碑，它们在建筑师的设计智慧及事件认知中灼灼闪光，它们是向世人昭示抗战历程的“过去—现在—未来”的和平教科书及镜子。从事件与建筑的列举、对比、分析中，我更感到凭吊“二战”纪念建筑是有价值的。

2013 年 8 月 25 日

（中国文物学会传统建筑园林委员会副会长）

# 芬兰建筑大师<br>阿尔瓦·阿尔托的现代建筑思想

王受之

阿尔瓦·阿尔托

阿尔瓦·阿尔托于1898年2月3日出生于芬兰的科塔涅（Kuortane，当时还属于俄国的城市），1976年5月11日在芬兰的赫尔辛基去世，是现代建筑的重要奠基人之一，也是现代城市规划、工业产品设计的代表人物。他在建筑上的国际知名度与格罗皮乌斯、密斯、柯布西埃、赖特等人一样高，而他在建筑与环境的关系、建筑形式与人的心理感受的关系方面都取得了其他人没有的突破，是现代建筑史上举足轻重的大师。他强调的有机形态和功能主义原则结合的方式以及他广泛在自己的建筑中采用自然材料，特别是木材、砖这些传统建筑材料，使他的现代建筑具有与众不同的亲和感，开创了现代建筑人情味的可能性。他代表了与典型的现代主义－国际主义风格不同的方向，在强调功能、民主化的同时，探索了一条更加具有人文色彩、更加重视满足人的心理需求的设计方向，奠定了现代斯堪的纳维亚设计风格的理论基础，影响了世界设计的发展，是当代最为重要的设计人物之一。他的最大贡献在于对包豪斯、国际主义风格的人情化改良。他的人情化趋向如此明显和准确，以至迄今为止，人们仍然在研究他。他曾经说：“建筑师的任务是给予结构以生命。”他的这个原则可以从他的所有设计中看到。

阿尔托早年在奥塔尼米（Otaniemi）的赫尔辛基技术学院学习建筑，是现代建筑大师中真正完全受过正式高等教育的一个。但是他的学习因为芬兰为摆脱俄国奴役的独立战争而中断，他为了民族独立也参加了战斗。1917年俄国十月革命之后，芬兰获得独立，阿尔托继续学业，于1921年毕业，之后曾经到欧洲各地考察，学习传统建筑，了解欧洲当时建筑发展的情况。回到芬兰后，他在芬兰中部城市于伐斯屈拉开设了自己的建筑设计事务所。1927年，他把自己的设计事务所迁移到图尔库，并且与另外一个建筑家艾里克·布莱格曼（Erik Bryggman）合作开设建筑设计事务所，直到1933年搬迁到首都赫尔辛基，在那里开业。他的夫人玛西奥一直担任他的专业助手，直到她在1949年去世为止，他们一共有两个孩子。他与玛斯洛一起建立了阿尔特克公司，专门生产他设计的家具和家庭用品，大量的家具是采用蒸汽弯木的新技术设计和制作的，在现代家居设计上具有非常重要的贡献。

阿尔托在这段时期中非常注意欧洲的现代建筑发展情况，对于采用没有装饰的形式，采用包括钢筋混凝土和玻璃为主的现代建筑非常感兴趣，他针对寒冷的芬兰地区发展出自己独特的现代建筑思想，1927—1928年是他设计生涯中重要的阶段。他的建筑思想虽然是属于现代主义的，比如强调功能、反对没有必要的装饰、设计的民主主义思考、对现代建筑材料的采用等，但是他却具有强烈的个人诠注特色，自成一家。

从许多方面来看，阿尔托的设计与柯布西埃的设计恰恰相反：他的作品具有轻松感、流畅感、剧烈的（tempestuous）耐性，与咄咄逼人、高度理性的柯布西埃形成鲜明的对照。阿尔托一生都在寻求与现代世界的协调特征，而不是简单地创造一个非人格化的、非人情味的人造环境。他热衷于使用木材，因为他认为木材本身具有与人相同的地方——自然性的、温情的。他对于新艺术运动的重要代表之一的比利时设计家费尔德非常推崇，他说：“我的这个木结构是呈现给费尔德的，他是我们时代建筑的伟大先驱，是第一个在木结构技术上引起革命的人。”

阿尔托为 1937 年的巴黎国际博览会的芬兰馆、1939 年的纽约国际博览会的芬兰馆设计了内部。在这两个项目的设计中，阿尔托进一步发挥了自己的有机形式特点，在芬兰的展览场地部分设计了弯曲的、由木条组成的多层墙面，形成生动、富于变化的简单现代主义特色，与当时流行的刻板、简单几何形式的现代主义建筑风格大相径庭，令人耳目一新。因为是国际博览会，所以这两个设计都使他的国际知名度大大提高了。1938 年，纽约现代艺术博物馆举办了阿尔托的个人设计展览，展出了他设计的建筑照片和他设计的家具实物，引起美国设计界极大的兴趣和广泛的好评。

阿尔托从 20 世纪 30 年代开始进行家具设计，开始于帕米欧肺结核疗养院设计完成之后。他的家具设计是非常有特色的，采用蒸汽弯曲木材技术，把夹板加以处理，从来不采用简单的直角方式，而是利用木材弯曲的特点，保持了简单、弯曲的有机形式，形成座椅和凳子的把手和脚的结构，而且往往采用连续不断的弯曲方法，采用一条木材组成一边的整体结构，因而具有非常典雅的形式感，结构组件同时起到装饰的作用。特别是他为维堡图书馆设计的椅子和凳子，迄今还在生产，是现代家居中少有的成功例子。他的家具设计一方面具有独特的斯堪的纳维亚特点，同时又具有非常亲和、民主的色彩，因此既有品位，又能够保持大众化的目的，是真正的现代主义杰作。

阿尔托具有非常深刻的设计思想，作为一个爱国主义者，他当然希望通过设计在世界上树立芬兰的形象，使芬兰显示出有别于俄国、超过俄国的设计水平。与此同时，阿尔托对于当时正开始流行的现代主义设计有自己独特的看法。他生活在一个设计处于重大转折变化的时代，德国的包豪斯、荷兰的“风格派”、俄国的构成主义运动都从各个方面对传统的设计风格、设计思想进行大规模的修正以至革命，现代主义运动在欧洲风起云涌，这个运动的潜台词是民主主义：把千年以来为权贵服务的设计改变为为大众的设计，从而根本性地改变了设计的意识形态基础和市场基础。对于一向有民主意识的斯堪的纳维亚设计师来说，这种国际气氛一方面是令人兴奋的，另一方面则是令人困扰的，因为德国人、俄国人在追求设计为大众的同时，把自己视为救世的代表，同时无视人的心理需求，设计上出现了单调、刻板的趋向。

他的真正最大的贡献，在于他的人文主义原则，他强调建筑应该具有真正的人情味道，而这种人情风格不是标准化的、庸俗化的，而是真实的、感人的。

为了使设计具有人情味道，他早在20世纪30年代的设计当中已经努力探索了。大量采用自然材料，采用有机的形态，改变照明设计——利用大天窗达到自然光线的效果等，都是这种探索的结果。第二次世界大战结束以后，他的设计更加注入了表现主义的特色，因此更加具有人文的特征。他的设计是现代主义基础上的人文表达，与冷漠的、非人情化和非人格化的密斯风格形成鲜明对照。

阿尔托对于各种艺术形式都非常关注，他与许多现代艺术家都是很好的朋友。他的不少设计，特别是玻璃器皿、家具设计，都具有相当高的艺术自我表现特点。这与他的艺术品位是分不开的。

阿尔托最重要的作用是他对于斯堪的纳维亚国家现代设计风格的影响。他一方面是现代设计的重要奠基人之一，采用现代材料，也采用了现代的建筑方法，比如预制件材料的组合拼装、玻璃幕墙结构等，另一方面又遵循了地区性、民族性的特点，广泛采用自然材料，如木材等，讲究装饰性地使用结构部分，讲究材料所传达的人情味。他还广泛采用有机外形，从而改变了德国现代主义的单调、非人情化的风格，建立起既是现代的，又是民族的新有机功能主义风格，对于这个地区各个国家的设计师来说都是非常重要的启示。与他同期的芬兰设计师艾里尔·沙里宁（Eliel Saarinen）以及艾里尔的儿子、美国重要的现代设计大师埃罗·沙里宁（Earo Saarinen）的设计当中，可以明显看出阿尔托的影响。所谓斯堪的纳维亚风格，与阿尔托的贡献是分不开的。

阿尔托是“芬兰学院”（the Academy of Finland）这个国家学术最高权威机构的成员，并且于1963—1968年担任芬兰学院的主席；从1928到1956年，他是国际现代建筑大会的成员。阿尔托得到很多建筑和设计的国际大奖，其中包括1957年英国皇家建筑师学会（the Royal Institute of British Architects）的皇家建筑金质奖章和1963年美国建筑师学会（the American Institute of Architects）的金质奖章。

阿尔托是现代建筑的奠基人之一，也是第一个突破德国、俄国、荷兰现代主义的刻板模式，走出自己道路的大师。特别是在战后的年代中，他能够在国际主义风格泛滥的时候，依然保持自我的立场，走斯堪的纳维亚有机功能主义道路，在形式上和材料上广泛体现地方和民族特色，从而创造出大量深受国民喜爱的建筑，这不但非常难能可贵，而且在目前也具有非常积极和重要的启示作用。阿尔托从来不随波逐流，对自己的立场非常明确和坚定。他一生设计了200多栋建筑，基本都体现了这种个人立场和对于现代主义的个人诠注。因此，他的影响远远越过芬兰和斯堪的纳维亚的边界，传遍世界各国。

在设计方法上，阿尔托也有与众不同的地方。他从不在设计时使用丁字尺，徒手画是他起草设计的基本方法。他充分了解：一旦使用尺子，就会在各方面受到规矩的限制，特别是思想的自由表达上和形式的畅通上。他主张的是有机的形态，因此徒手画能够使他的想象、构思得到充分的发挥。在整个构思成熟之后，再进入具体的结构设计。这种在构思阶段采用自由徒手画和在结构设计阶段采用严格的建筑制图的分开方式，是阿尔托的设计很突出的特点，保证了他的建筑本身活泼、形态丰富而不刻板的特征。为了保证他个人的思想和设计得到充分的体现，他特别采用了非常小编制的设计事务所方式：他的设计事务所虽然举世闻名，但是却只有6~8个工作人员，这样，他就能够非常简单地与他手下的工作人员沟通，在设计上比较准确地达到自己要表达的目的。他本人与德国人不同，没有非常严格的现代建筑设计理论框框，对于他来说，建筑师是为人设计的。而人是活生生的对象，刻板的、机械的、过于理性的建筑和设计都不能够满足和符合活生生的人的全部需求。他在现代主义建筑奠定、发展的时期大胆地从理性功能主义飞跃到非理性的有机形态，而同时还能够保持现代主义的民主主义、经济考量等基本原则，非常难得。

阿尔托的著作很少，也不习惯以演讲来解释自己的设计思想，他的整个设计思想完全是通过他的设计体现出来的。他的建筑首先是为芬兰人民和民族的，因此具有史诗般的特征，而不是缺乏个性的国际主义风格。他是一个非常注意不断提高自身文化水平的人，他与各种各样的世界级文化人和艺术家保持非常密切的友谊关系，比如立体主义大师费蒂南・列日、达达主义大师让・阿普、现代雕塑大师康斯坦丁・布朗库西等人都是他非常好的朋友。通过与这些人的交往，不断丰富自己，体现了他充分了解建筑是文化的组成部分，要做一个接触的建筑家，不但要了解建筑，而且还要成为一个具有广泛、扎实文化基础的高级文化人、思想家，他以身作则，打破了陈旧的就建筑论建筑的狭隘行业陋习，树立了20世纪建筑家应该具有的文化素养的典范。阿尔托曾经在战后初期到美国讲学和担任麻省理工学院的客座教授，并且于1947—1948年在麻省理工学院设计了一个学生宿舍大楼，称为“贝克大楼”，依然延续他自己的斯堪的纳维亚有机功能主义方式，对美国建筑界是一个重大的启发。他的其他重要建筑还包括1955—1958年设计的赫尔辛基“文化中心”，1956—1958年在芬兰伊马特拉设计的教堂，1958—1972年在丹麦设计的北方艺术博物馆，1958年在伊拉克巴格达设计的邮政电讯总局大楼，1959—1962年在德国沃尔夫斯堡设计的社区中心，1962—1967年在芬兰塞纳约基设计的社区中心，1964—1965年在纽约设计的国际教育学院爱德加·考夫曼会议中心，1971年在赫尔辛基设计的“芬兰宫”，1973年在芬兰的育瓦斯基拉设计的“塔德博物馆”，其后来被改成“阿尔瓦·阿尔托博物馆”。

# 华夏文明·百年图书

## ——世界读书日座谈会

**编者按：** 4月23日是世界读书日，《中国建筑文化遗产》杂志社约请建筑设计、建筑教育、文物保护、新闻出版、图书管理等方面的专家共聚一堂，以“华夏文明·百年图书”为主题，围绕文化传承与传播，优秀出版物的编辑、出版和利用，如何在当今“快餐文化”盛行的同时，做好传统文化的普及和推广等问题共同讨论。

（以下刊登与会者发言的主要内容，根据录音整理，未经本人审阅。）

**金磊：** 今天（4月23日）是世界读书日，大家聚在一起讨论百年老图书，是为了华夏文明的传承。2007年4月“世界读书日”时我们与天津市建筑设计院共同举办了“建筑师的非建筑阅读”茶座活动；2008—2010年连续三年举办中国建筑图书奖评选活动及相应的展览、论坛，使建筑阅读与非建筑阅读相互作用，在业内外产生了好的效果。

书籍是人类文化传承、文明进步的阶梯，无论是专业阅读还是全民阅读都代表着一个国家及民族的文明程度。在建筑文化遗产日益受到重视的当下，在2013年“世界读书日”到来之际，我们相聚在中国建筑图书馆这个平台上，以心的宁静，品味百年前出版的中国建筑经典，不仅涤荡灵魂，也拓展思想维度。这些文化遗产类图书并非快餐读物，无论作者是哪国人，迄今都是闪现华夏睿智火花的精品之作。所以，专业的人士聚在这里，聊“华夏文明·百年图书”的主题恰逢其时，提升点说再版它们是救书的命。由今日的建筑师文化茶座，我还想到与图书、阅读相关的三个问题，供交流。

其一，2013年4月中旬，国务院正式公布第四批《国家珍贵古籍名录》和“全

金磊 段喜臣 季也清 王时伟 刘临安
曹晓昕 赵敏 白鸿叶 傅绍辉 张丽丽
崔勇 韩振平 王刚 李沉

国古籍重点保护单位”名单，同时，国家古籍保护中心首次向社会集中公布古籍普查中的重要发现……

其二，2013 年 4 月 19 日，中国新闻出版研究院公布的第十次全国国民阅读调查结果显示，在纸质图书的阅读率连续 7 年保持稳步提升的同时，2012 年国民报纸阅读率比 2011 年下降 4.9 个百分点，期刊阅读率比 2011 年上升 3.9 个百分点，数字化阅读比 2011 年上升了 1.7 个百分点，同时付费下载阅读接纳度降低，举办全民阅读活动的呼声较高。今日所提及的百年图书的再版及其研究，需要上升到国家文化的高度，需要一个科学、长效、稳定的建筑文化出版规划与机制，需要有机构、有资金、有法规的推动力。

其三，如何感受远去的书香，这里既有阅读方式（慢阅读、深阅读），更有实体书店。如果不从专业上讲，仅从青少年的阅读现状看，增长之喜确难掩“断层”之状。可以设想，一个只有教科书或动漫电游、E–mail 的学生，必然无法成为一个真正明智、理性、博识的公民。要承认，轻松、便捷、高效的电子阅读已成为当代各年龄段人生活难以割舍的一部分，它使今天的我们掌握着空前丰富的信息；殊不知，对电子阅读与日俱增的依赖也让人们失去了静心的力量，摒弃了慢阅读、深阅读的好习惯，正如作家王蒙所言“这是一个危险的信号”。同样，面对大量特色实体书店的关闭，白岩松也表示：你要问我知道这个信息是该笑还是该哭，我应该哭，但我不哭，哭没有用，即便我哭得悲伤泪流成河了，但市场不相信眼泪……书店，毕竟是一个散发书香的特殊实体，致力于文化普及、学术传承，它在具有某些公益性质的同时，更需要政府的扶植之力。

1922年英国著名哲学家罗素在《中国记忆》中将文化视为决定中国乃至世界未来发展的第一要素，他植根于东西方文化特色的比较，以一种真正的学者式冷静来看待这些文化差异，并给予中国文明崇高的肯定。罗素当年如此，我们今人又该如何呢？中国建筑文化的大繁荣不是“海市蜃楼”，出版文化恰是最重要的环节，它与建筑师、作家、艺术家乃至媒体人关系甚密，因此希望大家能从更宽的视野及跨建筑文化的视角去评说中国建筑出版事宜。

（《中国建筑文化遗产》总编辑）

**段喜臣：** 本次世界读书日建筑师茶座活动让我联想到十八大新的领导集体产生以后，上上下下都在提倡读书日。这表明金总不仅学术性比较强，政治性也比较强，所以今天的活动很有意义。

坦率地说，每次我们到这个图书馆，心中都会燃起敬畏之心，因为这个图书馆在文化中心的发展史上迈出了一个新步子。建设部老一点的人对这个图书馆都有非常浓厚的感情。每次走到这里，确实有一种敬畏心。时代转换了很多年，到我们来参与管理这个图书馆以后，我们就希望把这些书和这些珍贵的文化遗产与当前的社会发展及行业发展结合起来。适应时代的发展，利用电子网络工具，把图书馆作为一种公共文化设施建设好。我们今天的活动是非常有责任感的一个事情。因为活动，我们和金总结缘、相识，有幸合作召开了几个会议。我们党委黄书记听说金总要搞活动，她也非常高兴，还表扬了季馆长。这个活动不形式化也不简单，我觉得，在整个社会风气浮躁的时候，能够在学校里，能够在这么一个读书的环境，借读书日搞这样的活动，不拘形式地去交流是一个很好的事情。我们认为这个图书馆任重而道远，要做的工作还有很多，而且我们也希望在我们完成回溯工作以后，再进行一个档次的提高，在这方面也希望得到在座各位的大力支持。我们愿意集合所有积极的力量来做事情，所以只要能够把这么好的图书资产、文化遗产发扬光大，我觉得我们可以采取各种合作方式把它做好，因此也非常希望在图书馆以后的工作过程中，能够继续得到大家的关心、支持、爱护、相助，谢谢。

（住建部中国建筑文化中心副主任）

**金磊：**上次在这看了 1906 年日本人出的那套书以后，我想起了一件事。2006 年 9 月，亚洲建协在中国召开大会，北京院和中国院做了两个分会场，我们接待了几百位亚洲的建筑师朋友。当时，北京院做了丝巾作为礼物相送，丝巾的图样就选了这一套书里的一张图，没想到外国朋友特别喜欢，至今我还留了一两百条，今天拿了十几条展示一下。这套书出版是 1906 年，但这张图是 1901 年的北京。去年我们去英国，英国皇家建筑协会主席收到丝巾很喜欢，那天她穿盛装，一看这个特别高兴，马上就围上，所以说我们的传统文化还是非常诱人的。

**季也清：**今天是第十八个世界读书日，我们作为行业图书馆，有幸迎来了在座的这些嘉宾，我们特别珍惜这次的学习机会。在这，我主要介绍一下这三本书，中间这一本是 1901 年八国联军入侵北京的时候，日本的东京帝国博物馆委托当时的建筑学工学博士带着一行人还有他的学生，这里还有小川一真（音），他是日本最有名的文物摄影家，他们一起进到北京，从学者的角度，带着研究的眼光对紫禁城进行拍照。一般情况下，紫禁城是金碧辉煌的，但是他照的时候，因为正好是慈禧带着光绪他们仓皇离开的时候，紫禁城没人管了，在这种情况下他照了这些照片。就是在杂草丛生的情况下，最逼真、最原始，所以拍的这些东西很真实地记录了当时那种苍凉的状态。所以，这些照片的历史感特别强，把 1901 年的故宫原貌全展现给大家了，这本书的珍贵就珍贵在这了。它系统到包括很多城墙现在已经都拆掉了，它这里都有。还有，在太和殿有一个宝座，也是后来朱光潜根据照片复原的。

另一本书也是 1901 年的，它把故宫和紫禁城里所有的装饰、纹饰又做了一本，实际上这两本书是姊妹篇，全是 1901 年做的，1906 年出版的，这些图也是相当珍贵的。这两本是同一年出的，只不过一个是照片形式的写真集，一个是以装饰的形式出版。

第三本是彩画，出于 1955 年，是当时的匠人刘喜明为了挽救古建筑技术带着徒弟画的一本书，是当时的文物整理委员会出的这本书，这本书的珍贵还在于是林徽因写的序。

（中国建筑图书馆馆长）

**王时伟：**金总编组织的这个活动非常好，大家坐在这读读书，这个形式非常好。其实，最近我们跟韩总和季馆长一直在谈这些文献资料不能老"躺"在图书馆里，要重新编辑再出版的事情。故宫博物院这些年其实也在做这方面的工作，比如那些明代的档案和史料，包括老先生的手稿都出了专集。比如单士元都出了十几本专集了，明代的史料和清代的史料都在整理出版。作为图书馆，如何将历史资料编辑出版应尽快提到日程上，尽快向社会弘扬传统。其实在故宫，这些资料大部分都有，哪怕是材料小样都有，都是当年手艺很好的匠人做的小样，一笔一画很是精细，现在的这些匠人可能就达不到这种水平了。虽然都是传承，但历史上这些老匠人画的那种感觉是不一样的。

当年设计的思想、设计的程序都是很有意义的，应该把它发表出来。我们前几年也做过课题，比如说对图样做整理，试图解读清代的设计程序，当然也有限，图样也不是特别全，但都是很有意义的工作；图样的话当年就是贴一个黄签、红签、橙黄、绿批什么的，都是一套程序。皇上亲自圈点的这些东西能够保留至今很有意思，我们做了一部分工作，但是很有限，当然这些工作都应该是集社会的力量把历史向社会解读出来。

（故宫博物院古建部副主任）

**刘临安：**我说一个线索，前两天我发现一本七万元的好书，作者是瑞典人，是我在一个古玩店里发现的。我说你给我开资料费行不行？他说开不了。我说那你能开什么费？他说我最多给你开材料费。我到我们财务处报，我说材料费能行吗？他说不行，他说你报的是图书资料费，一定要写图书费、资料费，不能写材料费。这个事就搁在这了。我回来跟学校商量说可以扫描做电子版供大家查东西。

这本书侯仁之先生翻译了，翻译了一个 32 开本的小册子，而且不是全文翻译，翻译了一部分，因为我在外国图书馆馆藏里看过微缩片，我就知道这本书。后来我发现在国外古书是背面有一个影印，影印上面连批注和书屋都有，这一页是个重新扫描版的。这种版式在咱们国家我到现在还没看过，咱出古书把它出新了，没有珍贵感。所以我建议金总编把这本书出了，要不咱把那本书买回来也可以。

像诸如此类关于外国人当年在中国研究的成果，关于百年以前中国的辉煌，或者中国城市的杰作咱们找一找，弄一个系统工程，包括外国人出的图，外国人出的书，都把它弄成现代版的。这些图和资料在英国、德国、意大利的档案馆都有好多，比如在当年意大利的利玛窦也有好多关于北京的画，现在都藏在意大利的馆里，其实咱们可以买它出的高仿复制件，我们可以再做东西。

（北京建筑工程学院建筑与城市规划学院院长）

**曹晓昕：**像这种类似于文物或者叫准文物的东西，它有很多的价值，第一，它们本身就是价值，就是力量。我特别想要代表我们院申请下，是否可以在我们院门口做一个展览，尤其在建筑圈里一定会有很多人想去看，这会慢慢形成一些成熟和不成熟的思考。从一个职业建筑师的角度讲，中国已经走到了一个十字路口上，因为在改革开放前，我们消息闭塞；改革开放后发现国外的建筑理论和建筑实践比我们强出很多，那段时期我们没有自己寻找道路，没有资本谈论中国建筑道路的事。后来很多人到国外直接受教育，或者在国外工作，之后他们又回来在中国再建房，中国现在已经出现了大量的相对原汁原味的西方理论建筑，而且它的完成度也非常高。

我觉得 2012 年王澍的获奖，从另外一个视角让我们感受到，世界也在关心中国的建筑发展，所以王澍获奖也不是偶然，中国正在自己的那条路上前进。当然，王澍还有各种各样的问题，比如说他的房子也会有各种各样的问题。实际上，从文化的角度讲大家都在关注这件事，其实在这个时候，我们以前做的文献资料真的远远不够，而在一线的设计师对资料有大量的需求和渴望。我经常也去一些古籍书店翻翻一些比较有意思的书，我觉得这些古籍和准文物本身就是力量，可以办展览去推动一些文化活动。

第二，我们写书的时候可能一方面是在复制这个书，或者是对这个书进行整理。比如说把旧版翻新版是进行组合还是打乱版式，这是表层。发现它的第一层价值，还有一层是能不能就着这些契机再找一些人深入发掘更新的东西。中国建筑走到这个十字路口上，我们现在应该拿出一些时间，拿出一些人，关注过去的这些房子，包括过去的这些东西。中国人实际上一直热爱生活，而且他们更愿意用另外一种东方的方式去阐述这个事。就像我们现在去苏州园林和到凡尔赛宫，看到外头那些尺度巨大非，常枯燥的园林，你没法比。我现在也着手在写自己的第二本书，叫做《造景与修境》。

在当下，中国正在寻找自己的出路，前些年一批原汁原味、完成度非常高的甚至可以和西方建筑叫板的高质量的建筑已经建起来了，下面怎么走实际上大家都在想。这不是一个建筑师在想，而是一群建筑师在想的问题。所以这些文物的价值，在任何一个历史阶段都很珍贵，但是实际上我们发掘得不够，我觉得从历史到现在的这个时期是最好的，可谓天时、地利、人和，这事真是应该干的。

（中国建筑设计研究院副总建筑师）

**赵敏：**我谈谈建筑文化遗产和人的关系，因为我是在《中国建筑文化遗产》杂志负责“解读故宫”这个栏目，与故宫的王时伟主任建立了长期的联合。在建筑文化遗产方面，我觉得看看每年参观故宫的那些人，看看参观北海和颐和园这些古老的建筑文化遗产的那些普通的人，我们会发现建筑文化遗产保护的观念其实是需要普及的。这主要是社会大众的一些认知观，怎么参观故宫，怎么参观北海，很多人买了门票以后直接从故宫的中轴线一穿而过，尤其是在五一、十一这些节假日的时候，很多人就挤在中轴线上，最后走出故宫大门，从神武门出来的时候会说“我花了70块钱这么贵，其实故宫也不值什么啊”。由此来看，许多人对建筑文化遗产的认知其实是很浅显的，这就需要我们这些建筑业的专家还有文化工作者起到一个建筑文化遗产推动的作用。

在写建筑文化遗产评论的时候，不知道写哪些事件，我觉得如果单纯讲这个建筑是怎么做成的，它有什么斗拱，有什么构造，可能大多数的人会读不下去。比如说写一些事件、宗教、战争和渊源，这样这个文化写起来才有看头，才能让它成为老百姓心中比较关心的有血有肉的事。我在写故宫解读专栏的时候看了一本书叫《明朝那些事》，这个作者其实原来并不是研究明史的专家，他除了明朝的正史还看了很多野史。我一翻他的资历，这个作者其实是广东汕头的一个缉私警察，他就从草根的角度，从普通民众的角度写了很多古代的事，而且从皇帝的生活、大臣的生活，来影射当代人们的一些思路和看法，所以就有了这本书一登出来网络点击率就很高的一个文化现象，让大家又重新回归，然后去关注我们古代的那些东西。我是从《明朝这些事》开始想慢慢地了解故宫，了解故宫的院子里发生了什么事，进而想知道故宫的建筑，然后才对这个专栏很感兴趣的。

会议现场

今天来看到这些很有意义的彩画，还有日本人测绘的建筑，我想说今天的图书馆给了我一个耳目一新的感觉，因为刚刚见到刘院长的时候，我也说我就是建工学院的学生，以前经常坐在这写作业，也坐在这儿翻书，建工学院那时候最有价值的图书馆我认为就是建筑阅览室，因为我经常去三层，从来没有上过四层，四层是我们写作业的地方。现在我觉得图书馆跟学校的合作实际上是个双赢，一方面建筑图书馆落在大学内部以后有更多人来读书，另一方面建工学院的图书馆也更加丰富，馆藏更加好。我当年要是能有机会读现在这么多的书，看到今天这么多珍贵的历史资料，我会觉得更加幸运。而且我还想说说的是，2012 年 7 月 30 日是著名的建筑学资深编审杨永生杨总编辑逝世的日子，在他去逝以前我跟季馆长一直在想，如果杨总能来建筑图书馆新馆址看看我们未来的图书馆那该是多好的一件事，因为老杨总对建筑图书的贡献是非常大的，他不仅仅是“文革”期间，“文革”以后，第一本著名的杂志叫《建筑师》，他是主编，而且他培养了很多建筑评论的大家，还提拔了很多著名的建筑设计师，像崔愷院士、朱小地院长、还有庄惟敏院长，当年他们都在《建筑师》积极地发表自己的作品，还有我们的金磊总编、李沉主任，他们也都是在杨总的培养下，慢慢地写建筑评论，变成现在我们大家熟知的人。杨总去世前跟我说，在“文革”时期，大概是 60 年代初的时候，中国建筑图书馆很困难，他就托关系从铁道部内部要了两个火车皮，然后他把图书馆的书全都运到河南省一个地方，因为当时杨总身体不好我就没有问得很清楚，我本来想以后跟季馆长一起去的，可是回来的时候，特别遗憾的是我们在河南的时候可能没有那么多人力，回来只剩一火车皮的书了，他说这段历史我就特别想给你讲讲，可是等杨总最后去世的时候我们也没有听到这个事情，我觉得很遗憾，这可能是我抱憾终生的一件事。
在今天这个读书日，我也呼吁正在一线工作的最忙碌的建筑师们，哪怕每天抽出一点时间来充充电，利用每天充电的时间来提高中国建筑文化，提高对中国建筑文化遗产的认知。在这里我要向中国建筑图书业界默默无闻、推动文化遗产事业的人们致敬。他们都是风里雨里在一线工作，我背后了解了一下，他们的工资跟建筑师比相对来说是比较少的，他们在现在这个非常浮躁、非常要求高速度、很喧嚣的一个世界里默默地守护着我们的文化遗产，默默传承着我们这些手艺，几十年如一日，能让我们将来的子孙后代看到这些东西，我要向他们致敬。当代文化保护领域需要这种敬业的精神，它不是用充盈的钱袋换来的，需要那些真正热爱文化，热爱国家，热爱人类文明的人们以及他们心底的正义感与良知，来构建我们的未来。

（中联环建筑设计公司总建筑师）

**金磊：**今天在中国建筑图书馆这样一个很朴素的角落里，大家议论了很多事情，刚才也谈到了责任感的事情，我们就拿这个聊以自慰；我们发自内心地做了一件很有责任感的事情。大家选择了这样一个事情，沉下心来思考这个问题，很有价值。

**白鸿叶：**我非常诚惶诚恐地参加这个座谈会，我是受唐部长之托来参加的。对于建筑来说，我们多少还和建筑有一点关系的话，就是因为样式雷的作品就收藏在我们那儿。
我们的图档是 2007 年开始整理的，进行编目，现在把它数字化，然后国图把它全部影印出版，做成那种大八开，能看清它的图样。我们除了样式图档，还有高栏庭（音）的账册，就是当时是样式房和账房，他的东西都在我们那，但是缺乏专业人员帮我们整理这些东西。一共是两万多件，我们在藏的是 14639 件。剩下的一些书在故宫和清华，国外也有零散的一些。除了样式雷，还有梁思成先生在 30 年代初的《图像中国建筑史》，他的绘稿 2012 年入藏到国家图书馆，《中国建筑史》里面的绘稿大多是他和刘敦桢签名的那种绘稿。
刚才刘院长说的利玛窦的那个绘稿，我们有法国的铁路建筑工程师的，他当时在中国，就是从北京一直往南走，他测绘了北京附近沿线的很多图稿，我们这次整理有六箱；他去世以后他的夫人全部都捐给了图书馆，当时图书馆还给她举办了一个捐赠仪式，当时有老照片，有地图，就是他测绘的手稿，还有他记录的一些文字稿，但是地图我们能整理，测绘图稿我们真的是没有办法下手。

2007年样式雷申报世界文化遗产，申报成功以后在国图举行了一个大型的世界记忆文化遗产展览；2012年的文化遗产日又举行了一个传统营造记忆的展览。国图是这样一个公益的平台，给大家提供资料，提供服务，大家来这个舞台上唱戏。还有一些讲座，像那种典籍文化的讲座和文明讲坛，我们也请各位专家去做建筑方面的讲座。

（国家图书馆古籍部）

**傅绍辉：**前两天我和一些年轻同志在出差转机等飞机时，因为航班延误，所有年轻人甭管看微信还是微博，都低着脑袋看手机，我觉得这个时间看手机真的是非常可惜，其实是看了一堆没用的东西，一点价值都没有。这种无聊的事情占据非常多的时间，我觉得这是每个人自身的问题，同时还有一个原因，就是现在很多年轻人，包括我自己在内，都在一线忙于设计，整天给业主汇报，充电和自我调整、修养进步的时间本身就不多；在这不多的时候，又有一大堆无用的信息在拼命地挤进来。我认为对于这些信息必须得有一个判断力，我认为无论书、还是期刊现在非常非常多，但是真正能够让人沉下心来，值得收藏，值得阅览，值得为此花点时间静下心来去阅读的东西是非常非常少的。我是做设计的，不是搞古建筑修复的，如果说直接的快餐文化对我的工作没有直接帮助，我也不会说做一幅彩画搁在某个大街的新建筑上，但是这种文化的传承和影响力是能传递过来的。我觉得我们做的建筑已经到了一个层面上，这个层面不管是中国建筑师跟外国建筑师合作的，还是外国建筑师主创的，或是我们本土建筑师做的，至少在完成度、在设计思想上已经和过去不一样了，就是所谓的都见过、都尝试过。在这个时候恰恰需要文化的积淀，沉积下来之后的提升。

我觉得曾经有那么一段时间，我们把自己的文化和自己的传统都看得很低，而把一些真的是没什么价值和品位的东西看得很重，现在就是应该补这一课的时候，而恰恰是大家都觉得需要补习。当大多数人不知道该怎么提升时就去看红木家具，去看过去的仿古家具，这就有了各种收藏热，我觉得这是一种心态，一种对文化的寄托和追求。作为建筑师这样一个群体，我们从小接触的全是西方的教育，我现在不会用中国传统文人的思想再去造一个园，因为没有这个功底，那么我可以用很熟练的西方的构图原理做一个建筑，因为我接受的就是这样的教育。我已经意识到我们要开始补这一课，我想很多的建筑师都已经知道了需要补课，这个时候我们苦于没有资料，根本就没见过这么多好东西，现在这些东西实物没有了。我昨天晚上看了一个电视片，演的是李莲英的墓是怎么被拆的，然后有一个人怎么复原的，我就看了一个片断就结束了。我当时觉得人家就是说墓前的石雕石榴代表什么，橘子代表什么，我们现在很多人根本就不了解这些东西，而这些东西在现实中已经不存在了，留下的只是影像资料和一些老人们的记忆。这些东西非常值得像金总这样的代表人把过去的文化传统挖掘出来，这是一件功德无量的事。刚才曹总说的最好借助一些展览，这些东西就真的值得去搁在美术馆里，做成一张张图片让大家看。彭先生 80 大寿的时候曾经把其画的水彩画、《建筑空间组合论》和《中国古典园林分析》的手稿在天津大学建筑学院里展出，那是非常震撼的。这种影响力是长期的，所以我觉得通过这样一种活动把文化的精髓传递出来，重新夺回垃圾信息所占据的时间，真的是非常必要，当然需要每个人自身的调整。同时我觉得，做一本这样的书是为了应对这个时代，也不妨出一个电子版，扩大它的影响力。因为这也是一个无法回避的现实，但是首先必须把资料整理出来，这件事就非常有意义。我觉得看到这个发黄的编码，就是一种吸引。来的人都会对它产生一种情感，而这种情感会潜移默化影响我们每个人的心态，让大家在设计过程中，哪怕是职业建筑师创作的过程中，把心态放下来，去真正考虑一些应该考虑的事，而不是等候飞机航班时做一些毫无价值的事。

（中国航空规划建设发展有限公司总建筑师）

**张丽丽：**我跟着金总过了三个世界读书日，没有金总的带领和引导，还真的没有在任何企业，任何文化自觉到过这个节日的程度。一次是 2007 年我院图书馆新建成，我们特意在图书馆召开一次会议，还有一次在滨海新区搞了一次活动，今天这是第三次，我非常感激。

我在基层，现在编刊《建设论坛》也是从事文化工作。平时在企业里或者在浮躁的环境里，我总呼吁大家读书、写文章投给我们，我都累了，都没什么信心了。我周围还有多少人在坚守文化，今天反差很大，平时周围的人能拿出时间来交流特别少；可是到今天一进图书馆，这个氛围，这么多专家，我说我有点穿越。过去我认识的都是建筑师，现在是文博专家，今天又到图书馆界来了，这跨界跨得厉害，我还没适应。刚才又提到典籍界，这又一个界，天津有句老话叫“河里没鱼市上见”。我想表达什么，就是平时觉得挺苦闷的，很少有人在谈文化，谈古典，谈传统文化，今天在这，咱这就是一个市场，我真的享受。

我和金总编说是朋友也好，同行也好，作为我的引导者，我对他现在做的工作的理解就是两个词，一个是追求，一个是坚守。追求的是中国建筑文化遗产，我跟着他进入这个广阔的领域。那天看到电视采访张国立，张国立就谈到《1942》当初是刘震云改编、筹备了七年的史诗，重现河南的那次大灾难，他自己准备文案做了七年；冯小刚大手笔地反映这个历史题材，这么样下功夫，结果没想到票房3.4个亿，本都没收回来，他说《画皮2》竟然是7.8个亿，《泰囧》是12个亿。没想到这个《泰囧》创了中国国产电影的记录，《1942》我看了，很打动我，因为好奇我就看了这部《泰囧》，三个主要演员延续《人在囧途》系列，搞笑的电影获得12亿票房。后来张国立说，我们在票房上是败了，但是我坚信30年以后、20年以后，人们会回顾《1942》这部电影，会发现它的价值，会从中找出它的存在。通过这事我觉得我们做传统文化的这个事不仅是追求，追求有时候是很现实的，会令你伤感、泄气，但是一定还得坚守下去。

最新消息是我们院现在和建工出版社在做一本《遗老建筑》的书，从企业角度讲关心的是市场、热点和未来的经营。遗老产业是非常有前途、有需求的，所以我们现在就抢先一步对遗老建筑进行研究。很多人提到照顾老人就会想到敬老院，思维还停留在那，所以说研究什么，不是设计而是文化。研究老年人的需求，研究他们的建筑方式。我觉得建筑和文化的传承在哪个领域里都有些问题，比如刚才说的票房问题，我们不可能让一些人改变口味，强迫别人去读书、去研究文化。天津最近就在读书日组织几个文学家给孩子们讲几个题目，讲话提纲刊登在《天津日报》上，内容很空，讲读书的意义很大，读书是一种高尚的行为，读书的姿势是人类最美的姿势……这些东西还停留在一个层次。今天的茶座氛围很好，谈得很具体，也能提升自己。所以我们不分层次高低，搞文化也好，搞传承也好，真的就要面对现实。因为我就在这种反差当中，既接触专业学者，又接触日常工作中的人，所以我说咱们还得务实。建筑文化遗产的传承需要普及责任和义务，我今天回天津可能会写一篇小文章，写我是怎么过的这个世界读书日，把我自己的感受说出来，不需要再描绘。我愿意在这个圈子里跟着金总编接触这些人提升自己。文化这个东西真的是任重而道远。

（天津市建筑设计院编辑部主任）

**崔勇：**刚才图书中心给我发了一个短信来：今日是读书日，我们一起读半小时书，阅读净化心灵，阅读启发智慧，阅读给人希望，阅读凝聚力量。应该说现在已经不是一个读书的时代，而是读图的时代，怎么说？因为中国的语言工具表达方式经历过三次历史性的变换，在“五四”新文化运动前后时期，白话文取代了原来的毛笔，白话文是用钢笔取代毛笔，建立了以鲁迅为代表的钢笔书写年代；到了 20 世纪后半期，八九十年代以后，由原来钢笔书写的年代、阅读文字的年代，进入图像时代、读图时代。中国艺术研究院有一个研究员叫李新风（音），他是研究艺术原理的，他就讲我们已经步入读图的时代，在这个读图的时代，影像、音像对人影响很大，真正耐心读书的人很少了。我们生活在充满着喧闹的世界，在这里面安静地去读书是很难的。培根说读哲学使人明智，但是现在真正静下心来读书的人很难，正因为这样，书读得少了，文化积淀少了以后，我们在有些建筑创作和影视创作里会出现文化的问题。这种票房价值和真正的艺术价值是不可能对等的。文字给我们带来智慧的启迪，这个时候我们坐在这里谈读书是很神圣的。我也是读书人，读了几十年的书，也有自己的一种感受，但是这个时代就是因为这种喧闹，称得上经典的作品太少了，这可能也是很多人不读的原因之一。我们不管出版杂志还是出版图书，作为一个出版者确实要尽我们所能，尽量为这些很不容易读上书的人提供一些精品，就像《老子》，五千字让几千年都在回味。现在出版业都改企了，进入市场运作以后，良莠不齐的现象是必然的，有时为了效益，有时为了其他目的，可能把书本身的含金量丢失了。所以在好的历史契机下，提供一些好的精品图书，也是我们出版人的职责之一。这一点非常重要，因为从古到今能够流芳百世的都是一些经典的东西。因为文字表述，在古人说三立——立公、立德、立言，文章乃千古之大，亦不朽之慎思，我们要提供精品。关于阅读，我们大家讨论了很多，因为很多表现的东西，并不能说文化就不重要了，我也相信 30 年后《1942》肯定会留下来，而《泰囧》肯定会被淘汰，这是必然的。现在也跟金总编办文物系统的《中国文化科学研究》杂志，我们的宗旨是传媒传播，要尽量出一些好的文章，提出一些新的人、一些新创意，可能这样会慢慢影响我们的阅读视野。

从 1935 年北京文整会慢慢演化成中国文物研究所，然后改名为中国文化遗产研究院，对中国古代的古建筑修复整理，它是一个真正比较正宗的单位，有 80 年的历史。这个追根溯源，最早跟营造学社都有关系，所以我们这里有很多资料，一部分是文整会时期的，还有一部分是当时营造学社解体的时候放到我们这的，一部分放在中建院，还有一部分放在清华大学，甚至有一部分放在故宫。

我们这有一些资料，是研究古代建筑的图纸，是五六十年代测绘古建保护的图纸，包括永乐宫搬迁的很系统的东西，都非常珍贵。永乐宫搬迁是一个重大的事件，由于三门峡水库修建，要在移的过程中创造一个奇迹。永乐宫这么精美的壁画，怎么把它搬迁？要整体搬迁的话确实是一个创举。最后成功了，不但是整体的，把三个大殿建筑，连墙上的壁画都移植过来了，这是中国古建筑保护的本体和方法，也是世界保护史上的一个奇迹。

类似这样的资料，从图纸到文字，现在健在的人都在讲，收集下来是很好的资源，同时也可以纠正现在有些人对这方面的不同看法，还原历史真相。

我们还有一批很珍贵的东西——全国各地的地方剧。恐怕我们那里最全，这个地方剧记载了各个地方的，乃至原来的明清之前的县一级单位的古建筑遗迹和寺庙，我们现在搞保护和修复能够参考这些原文，才能在做保护、规划，制订方案的时候对历史更尊重，更敬畏。这一套资料我翻了一下目录，好像全国各地基本上都有，比较齐全，就是最早的地方志，还没有影印，我们现在在整理县以上的县志，已经进行了初步的整理，但是还没有出版，像这个我们可以共享的。

还有一个是族谱也在我们那，这个项目作为国家清史办的一个课题，完成这个课题费了我很大的劲，大概有三百多页，他们今年要出版，弄完这一本比写三本书还累，不单是标点，还有注释，我们有这些资源可以给大家提供一下。

（中国文化遗产研究院研究员）

**韩振平：**建工图书馆我们已经来过三次了，确实感觉这里的书价值非常高，可是当时我就没金总站得高。今天专家讲的我听了挺受启发，挺受感动，我感觉今天的茶座意义非常大。刚才看那套日本的书，作为文化的一种传承，这个是中国的文化，日本出这个是代表国家的水平，他们下了很大的功夫，这个价值和重视的程度，表明他们对建筑文化认识是很深的。我们出版社跟金总一起也出了几本，第一本《中国建筑彩画图集》，应该是王仲杰（音）作为副主编，王仲杰是专家，包括孙大章很多人出版的那些书，对于彩画的研究，绝对没有这个深，没有这个研究得好。我们中国人对于祖宗留下来的中国建筑研究程度是很不够的。我们要好好看一看吕彦直在设计中山陵和广州纪念堂时是如何将古建筑与现代建筑、西方建筑结合的。吕彦直对中国建筑文化的研究很深，这样他在结合西方建筑的设计，才能够做出好的作品。中华民族的复兴光靠建一点现代的高层建筑有什么意义，难道是谁高谁就有文化吗？我就觉得对于中国建筑文化的研究要深入，所以馆藏的价值非常高。大量的古建修复，在对建筑的最基本信息都没弄清楚时一下子把建筑破坏了，而出版这些东西的意义就在于对现实具有指导意义并传承其价值。另外一点是实用价值，中国建筑图书馆还有很多好书和资料，如何充分利用这些书对现在的建筑保护设计起到指导作用。我们非常愿意和中国建筑图书馆合作，非常愿意与在座的专家合作，只要愿意在我们出版社出书，我们都非常欢迎。可能过几天要在天津大学开一个会，要建立一个中国建筑的传承与利用的平台。中国建筑文化遗产的数字网络化平台是金总跟天津大学出版社联合申报的，非常希望在座的专家今后能够密切地合作。

（天津大学出版社副社长）

**金磊：**我们希望能够在今年的下半年，成立 20 世纪中国建筑文化遗产专家委员。它的责任和使命是认真对待中国的城市化建设，认真对待中国的城镇化建设，认真评估和公布一些 20 世纪优秀建筑文化遗产项目。这个事是由中国文物学会、中国建筑学会和中国建筑文化中心一起做的。我们这些人都是建筑师出身、工程师出身的人，所以我们也想真刀真枪地干一干。20 世纪建筑遗产这件事要把它变成一个国家行动，才能获得更多的支持。

**王刚：**今天参加这个座谈会收获特别大，原来一直知道我们图书馆有些宝贝，但是一直没见过，今天沾这会的光看见了，这确实是好东西。准备再版也是非常好的事，让更多人看到，把它用起来，这是重要的。进金总编这个圈子之后参加两次座谈会了，上次是在故宫，两次感触都特别深，专家们从不同角度谈文化，谈建筑文化，谈建筑文化遗产，我现在对这一块特别有兴趣，我希望以后多听大家的观点，向大家学习，也祝金总编把我们这个小范围的小众化变成大众化的事，把它越变越大。

（中国建筑文化中心）

**李沉：**金总编曾经带着我们搞过三次全国建筑图书奖的评选，在评选当中，确实是专业的图书占了绝大部分，而普及性的，大众性的，特别是儿童读物很少。前些时候，金总编带着我们去天津百花出版社谈合作，咱们大家肯定很多人都读过百花出的书，都是文化、文艺、小说月报、散文等这种大众文化的普及。我跟金总编在商量的过程中给百花出版社列了20几本书的单子，他们非常感兴趣。这其中有北京四次十大建筑的评选，比如说介绍朱启钤先生，介绍华南圭、华揽洪、华新民祖孙三代为保卫北京城所做出的贡献等。实际上对于我们业内人士来说，这些人这些事我们都非常熟悉，但是对于绝大多数普通老百姓而言，他们并不知道。我们如何去用老百姓能够听得懂的语言，让更多的人去理解，去认识，普及文化是我们要做的事，同时也有很大的市场经济。馆藏资源如何做深，做大，充分发挥它所真正蕴含的价值，就是如何看待传统，发挥它们的能量，为当今的社会发展来服务。刚才金总编展示的小丝巾只是一个最小的产品，而由此再去开发其他的东西呢？这里肯定不存在版权的问题，只是我们自己头脑的问题，我个人认为只要我们的头脑开发了，市场也就开发了。

（《建筑评论》执行主编）

**李也清：**我再继续说说这本书。在2008年，我们当时还在原文化中心那个楼，有一天中国园林学会的某位领导看到这本书说这可能是原书，出价30万。因为我们在我们的网站展示过这本书，他就来图书馆看。这本书保存完整而且很新，一般古书就像打开墓穴时里面的文物接触空气一样，寒一下就散了；散了后这位领导一看便升起敬畏之心说：值了，值了，如果是真的， 30万我也买。我们这个图书馆的书都是有关建筑和建筑绘画艺术方面的，还包括艺术、绘画、历史、地理等的融合。我们也搜集了过去的绘画，包括油画，例如朱耷的《八大山人》。这些基本都是跟着原版再出版的，也都是相当有价值的。还有潘玉良的画、詹天佑的影集、梁思成的手写稿等，这一系列珍贵的资源太多太多了。现在住建部和文化中心的领导都很关心这问题，能不能以后做一个项目，进行数字化和影像化的梳理，在这个基础上深入挖掘出以何种形式出版。

**金磊：**为我们大家能够在 4.23 这个日子聚在一起谈百年图书而鼓掌。为什么今天办这个茶座，其实我有两个想法，一个想法就是想把中国建筑文化遗产当作一件事情来做。过去我们说建筑和图书是互为影像的，过去我们在国图为共和国60周年办过一个展览，进行了60周年图书的评比，评出 1949—2009 年的 16 本优秀图书，同时以三个不同版本做了一些图书的推荐，每个推荐的目录里有一百几十本书，最后由中国建筑学会和中国图书馆学会联合颁布。其实不仅仅是书的问题，也是对建筑的一个认识问题，是让全民族都提高建筑文化的素质问题。这是我的第一个想法，第二个想法是想为未来将要成立的 20 世纪建筑遗产委员会做一点铺垫，一切事现在不要停滞在理论上，要把它往实际上去推，要把它变成行动。今天议论的这三本书的再出版工作也一定要推进。今天的活动大家有这么多感慨，我觉得我应该给大家鞠一躬，表示敬意，谢谢大家。

（刘晓姗根据录音整理）

# “总师”工作室模式的求索

## ——北京院刘晓钟工作室与西北院屈培青工作室座谈交流会

2013年6月21日下午，北京市建筑设计研究院有限公司（以下简称北京院）刘晓钟工作室及第六设计所与中国建筑西北设计研究院（以下简称西北院）屈培青工作室及机电六所在北京院生活馆举行座谈交流会。会议由北京院总建筑师、刘晓钟工作室主任、第六设计所所长刘晓钟和西北院总建筑师、屈培青工作室主任屈培青共同主持。

北京院总经理徐全胜首先代表北京院欢迎西北院的同行到北京院参观交流，徐总说：北京院与西北院作为具有国企背景的中国建筑设计行业的领跑者，拥有类似的历史背景和发展模式，面临着同样的社会高速发展形势下的行业问题，双方的交流切磋有利于彼此的发展。徐全胜总经理简要介绍了北京院体制内改革和工作室模式的探索。随着国家的发展，建筑设计业务量的不断增大，相应的设计机构的规模也不断增大，北京院几十年来，从当初的一千人发展到现在的三千人。虽然如此，建筑设计行业仍是一个传统行业，是师傅带徒弟的行业或者说是手工操作的行业，由优秀的领军人物形成团队来做设计，团队逐渐扩大就会形成级别和层次，建筑设计企业的管理还是需要还原到它的本质。建筑设计公司再大，它的利润单元就是项目，它不可能像三星那样的公司，研发和销售自己抓，生产外包。建筑设计公司不是这样，不管全部产值有多大，不管是一个亿还是十五个亿，都是由一个一个项目组成的，真正对应的生产组织单元和人才组织单元也是在项目，它的工作方法和特点都是有章可循的。北京院前十年体制内探索改革的模式依据三个条件：一是建筑设计行业的特点，二是设计师的职业特点，三是北京院历史上形成的企业文化，结果就是工作室模式的尝试。刘晓钟工作室是北京院工作室模式的

屈培青 张超文 王晓玉 常小勇 贾立荣
王世斌 毕卫华 高莉 马庭愉 季兆齐
徐全胜 刘晓钟 王珂 吴静 尚曦沐
王鹏 徐浩 高羚耀 郭辉 张俏
李晓志 黄涛 王辉

一个品牌与标杆，它立足于六所这样的大所，在创作和产值上表现出色，人员组成与架构相对稳定。

北京院曾经与英国建筑大师诺曼·福斯特合作，福斯特的经营模式不是做市场，而是做品牌，他们只选择来找他们的项目，但会做企业文化、建筑理念的宣传，办展览、办研讨会、办博物馆，使得开发商来找他。真正好的设计院是这样的运作模式。刘总和屈总的工作室非常优秀，他们本人也都是“设计优则仕”，当领导就是要有专业的修养、素质、能力和一定的成就，同时对人好，才能当得起。刘总和屈总自身做的事，包括作品、工作方法，甚至包括言谈举止，给甲方看到，就是最好的经营，这就是大院、大所内优秀工作室的经营模式。中国现在的发展阶段是全世界没有的，虽然在其他地方可能找到类似的高速发展的阶段，但可以说中国人从 1949 年到现在每天都不一样，从城市规划到建筑设计都是日新月异的，不像欧洲、美国的同行那样，可能有一两代社会一直在重复，行业比较稳定。不论是西北院还是北京院，都还在坚守着中国民用建筑设计的创作本源，都是专注于主业，真正可以说是要在学术圈子、专业技术圈子里扛起旗帜，这种坚持在各种条件的约束下非常难，北京院和西北院应该加强交流，相互学习和取经。

刘晓钟总建筑师首先通过ppt介绍了北京院第六设计所及工作室的概况，并从团队人员构架、项目范围、客户与市场、业内交流、理论与生产等方面详细阐述了刘晓钟工作室管理经营的理念与经验。在接下来的漫谈中，刘总具体谈论了品牌建设与人才培养等管理难题。

刘晓钟工作室成立于 2001 年，但当时经济上还没有独立，没有离开六所。2005 年算是正式独立，从经营方面来讲直接对院。工作室刚开始从所里出来的时候是 10 个人，当时半年的产值约 980 万，如果按全年算的话，基本上人均将近 200 万。2007 年又把工作室和六所合并在一起了。工作室当时走的路子跟北京院其他所走的不一样，目前在全北京院只有六所这么一个所里面有两个体系，一个是独立的工作室，还有一个是所。经济上原则上来讲是各自分开的；工作在一块做，有些工作也是分开的；人员管理也是分开的，但很多内容又是统一的管理。刚开始院里担心平行体系会产生公平的问题，但是最后还是坚持了改革和发展的考虑，两条体系能够并行走，从走的这么多年看，从 2007 年到现在将近 7 年的时间来看，走的效果还可以，而且为院里下一阶段的改革积累摸索出很多经验。

北京院近年来发展很快，三千多人，一年全院设计产值大概十个亿。六所有建筑专业、结构专业、电气专业、设备专业还有经济专业。北京院目前综合所里有经济专业的只有六所。现在六所有 130 到 140 多人。工作室有 80 人，工作室有主任建筑师 12 人，主创建筑师 4 人，主设建筑师

2人等。从专业设置上来讲有景观和室内专业，这样的专业设置可能比一般所的专业设置要全，原因一方面是基于工作室的经营理念，即要创造高完成度的作品；另一方面是从经营上讲，即要从产业链的角度出发去做，无论是高完成度还是产业链都是一个全过程的概念。从目前来看，六所的产值一年维持在一亿三、一亿四的水平，在院里来讲算是名列前茅。把工作室与六所合起来算人均在60万到70万，单算工作室在70万到80万。就项目在全国的数量来说，北京院最高的时候是三七开，即70%在外地，30%在本地，那是在奥运刚结束的那段时间，这两年北京的项目逐渐多了，去年是40%在外地，60%在本地，现在基本上是一半一半，六所与一些大的房地产开发商签署了长期的战略合作协议，有助于设计企业的品牌提升。无论是产品、产业，还是科研、理论，六所都坚持一种开放的心态，两个工作室之间的交流对彼此的发展都有好处。六所同时会做不同类型的科研，有的是为开发商做的科研，有的是为政府或者是行业做的科研，六所是将理论与实践同时推进的，每年都会在杂志上发表研究成果。

在品牌建设方面，六所与绿地、万科、华远、北辰、远洋等大的品牌开发商建立了长期的合作关系。与开发商常规合作的时间长了，双方通常会签协议，建立起合作的标准。有了长期的战略协议之后，会省掉很多费用和时间。作为长期客户，其对产品的要求、想要完成到什么样的程度、人员及其他各方面情况，六所都会比较熟悉，如此以来，经营成本会大幅降低，同时设计周期随之缩短，生产效率和产品质量也会相应地提高。

从这么多年的经验来看，无论是作为企业也好，还是作为个人也好，一定要务实，就是说你可以说不，可以说这样可以说那样，一定要有底气。

作为一个企业来讲就是你一定要有经济实力，这么多年，市场不管怎么变，我们可以说是不受影响的，为什么不受影响？说白了就是有经济的储备。

设计企业应该有自己的价值观，要通过这个价值观，或者说是经营理念、设计理念来对业主承诺，这个观念会贯穿在每个项目的始终。而对任何一个来找我们的项目来说，它得具备一定的条件我们才能够做。首先我们要看哪个项目能够做得好一点，能够达到几等，因为这要看甲方是否有这个意愿，如果没有做出好项目的意愿我们单相思也不成。其次还要和经济挂钩，有些项目赚钱我们要去做，因为大家还要吃饭，有时为了社会的责任，设计费不高或者赔一点钱也可以，这个我们承担得起。总结来说，有了底气之后，我们可以选项目，可以讨价还价，而不是什么项目、什么条件都接，这就是品牌的作用、实力的作用，它的建立需要一个过程。

就人才培养刘晓钟谈到，从六所和工作室的情况来看，每年人才流动频率在 5% 到 10%，这个流动率对大企业来讲是正常的，但也要分析流进流出的原因。人才流动的去向一部分是房地产，一部分是其他设计院，一部分就是自己单干。总体来说就是工作了几年之后，员工在技术和收入上都需要有一个上升的空间。在这方面，除了院里的职称之外，对于工作了五年的人，工作室增设了主创建筑师和主设建筑师两种职位。主创是在方案方面表现突出，主设是在项目管理及施工图方面表现突出。从这几年的执行情况来看，大家很认同。一个行业的发展和壮大需要各种层面的力量，这种设置对于稳定骨干起到重要作用。在发展过程中肯定会遇到有人走的问题，各个层次走的人都有，在做项目时出现人员流动会带来项目受阻、核心技术流失、知识产权得不到保护等问题。面对这种情况，第一要保持一种宽大的胸怀，如果你永远在他前头就不怕东西丢。第二是发展出系统性的工作方法，把工作分成片段来分配。企业的忠诚度需要沉淀，有时难免会心痛，但第二天太阳照常升起，做企业要有心理承受能力。在团队建设方面，所里拿出专门的经费组织活动，每年组织员工集体参观学习四到五天，在减压的同时增强了团队的凝聚力，这项活动坚持了好几年，全所两百三四十人分批参观学习，所里鼓励大家参加集体活动，经费相当于从每个人的奖金里扣，但是要是不去的话也不会再发。从企业管理的角度讲，大家坐在一起交流，喝几杯酒，把工作中的误解也好、压力也好完全释放出来，活动在每年春天举办，大家对此很期待。

屈培青总建筑师对西北院的历史及工作室的历次改革做了简要介绍，特别介绍了西北院土建所分成老总工作室、专业所、土建所、创作室以及水暖电改为机电所综合一体化发展的经验，以市场意识为先导，以内部合理组合为基础，有效地解决了建筑设计运作与市场环境相矛盾的难题。与刘总类似，屈总在接下来的发言中重点分享了品牌管理与人才培养等方面的经验。

屈培青总建筑师说，30 年来关于机构的改革西北院大的进行了 4 次，最早院是三个综合所，每个所的规模都很大，建筑、结构、水暖电、预算都在一起。第一次改革是把全院三个大综合所变成六个所，我们最早是在三所，后来拆分成六个所，我们今天来的人全部都在六所。第二次改革是把预算分出去，由于预算在所里任务不饱满，而且预算专业业务比较独立，把预算集中起来增加对外接任务的能力。第三次改革是把水暖电分出去。

打破原来单一的人才密集的综合所，建筑结构成立土建所，水暖电分出来了。在土建所中，老总从土建所里出来做挂名工作室（所级编制）和专业所，给原土建所中的中青年建筑师一些发展空间和职务平台，一是发挥老总的品牌效应，同时使他们更能安心稳定地工作。而对一些有能力的年轻建筑师，也给他们一个成长的空间，早早地把他们推到一线平台上。为发挥他们的经营、资质及创作才能，院里为他们成立了创作室（创作室扩大了可以升为所）。使院里出现了老总挂名工作室、专业所、土建综合所、创作室等百花齐放的形式。这样既发挥了每个层面建筑师的能力、作用，又留住了人才。而对于水暖电专业，当时主要考虑水、暖、电专业集中可以资源共享，避免各专业分在各所，在任务不均衡时，由于水暖电人员分散、各自独立，任务调整不开，人才资源浪费。所以后来就把水暖电从土建所中分出来了，分别成立了水、暖、电三个专业所，即水一个大所，暖一个大所，电一个大所。由于设计院毕竟还是面对市场的、面对业主的，一切都为业主服务而且都是以一个独立项目组面对业主。现在中国的建筑市场一方面国家出台很多规范和标准，另一方面市场不按规则做，特别是设计周期上都比国家标准短了很多，一个项目来了，土建设计所外对甲方，内要对水暖电三个所，协调工作要靠设总来完成，精力上很牵扯。这样运作了一段时间后发现了一些问题，一个项目，如

果三个所时间不一致的话，因为没踩在一个节奏点上，这个项目就会耽搁。所以第四次改革是在去年，把水暖电所全部合并，再以自由组合的方式分为六个机电所。每个机电所都有水暖电专业，土建所只需要对一个机电所，改革之后成效显著，机电所与设计部门配合得非常直接，以前图纸是我们催机水暖电各专业，现在常常是机电所出图在我们之前，现在每周我们工作室和机电六所两个部门开一次例会，排进度解决每一周设计工程现场存在的问题，我们有问题就跟机电所提，由他们想办法解决，项目上设计人员不够时就由机电六所跟别的机电所合作。对院内我们只要对口一个单位就可以了，通过这次改革避免了原综合所水暖电人员分散在所里力量不够，也避免了水暖电各自独立不好统一协调的问题。

就品牌与管理等问题屈培青总建筑师说：品牌可以提升设计的价值，去年工作室收入的 20% 得益于创品牌建设。与刘总的工作室类似，屈总的工作室在西安靠创品牌建立了一批长期稳定的客户，曲江管委会和高新管委会及下属的各分公司等主要的大客户，十多年来一直是我们的大客户，今年两大客户为我们工作室带来的产值合同额可达到一个亿，这保证了工作室设计项目几乎不需要参加投标，这与北京院徐总说的品牌建设不谋而合。近些年来，工作室发展了一批新的甲方，这些项目主要偏重于文化产品的设计，除了曲江管委会的文化产业研究外，工作室近来还开拓承接了陕西省文化投资产业集团下属的传统地域建筑及文化项目，使我们靠品牌和服务意识竞争项目。西北院的另一个强项应该是做设计总承包，在西安，如果完全去做投标方案，竞争对手会有很多，包括境外的建筑设计公司，北京、上海等地的大院，现在投标也不是太规范，所以工作室也不去盲目地冒这个险。而做设计总承包和在现场的服务及配合是很关键的环节。工程服务应该是我们央企大院在当地项目的优势，这样境外的设计公司和外地其他设计院与我们的竞争力就减弱了。在工作室的管理模式上，每个人在各岗位上强调分工明确、各司其职，每个岗位制定了很明确的每个人的条例细则并落实到每个岗位和每个人。因为一个项目负责的人及设计人，有总建筑师、所总建筑师，还有项目负责人、工种负责人，但是项目出了事儿归谁管，要分层明确到每个岗位和人上。例如工作室目前明确一个项目挂两个负责人，一个正设，一个副设，正设专门抓方案审定及进度、协调对外事宜，副设主抓工程技术设计和内部事宜，在设计中出现了强制性条文问题副设负百分之百的责任，日照计算出了问题，工种负责人负百分之百的责任。杜绝了扯皮的问题，大家反而更轻松。

关于人才培养问题，屈总认为，每个人在院里发展希望能有三个方面的空间，一是人文空间，人文空间指人文环境和工作的大环境是否和谐，工作室经常需要搞一些活动增强凝聚力。二是发展空间，指年轻人在这个空间里有没有发展的前景和提升的平台，建筑师做到 5 年、10 年之后，肯定是有想法的，一是要引导他们努力工作、厚积薄发，同时也要给他们一个好的工作平台和上升空间，使他们能安心留下来工作。把所内的技术人员分成四大类型，第一类是所总，负责管理、定案、解决工程中的难题，把控工程全局和进度。第二类是主设建筑师及工程师，主要负责组织项目全程按计划顺利完成，组织好人力，协调好甲方的需求和各专业所遇到的问题。第三类是主创设计师，对这个角色的设计师，不以产值为主，而以价值为主，对于有影响力的传统地域项目和文化项目，研究和创作并行。第二类和第三类主设、主创设计师体现的是产值加价值。第四类是年轻的设计师，也是所里的主要设计力量，他们主要靠自己的努力不断主动、积极地参加到每个项目之中，所体现的是产值加态度。我们院今年马上也要推出年轻的主创设计师的模式。

看到刘总工作室有十个主创设计师、主设建筑师和所总等，我回去后也会向院里建议在工作室和所里多给年轻人一些空间，按项目的重要性和个人在项目中所发挥的作用来多提一些年轻人，你提了他后，他就更有责任了。第三是好的效益空间，好的效益一定是和好的品牌挂钩的，同时好的效益也是靠每个人的。对员工进行奖励，我们提高了产值奖及价值奖的激励政策，鼓励大家争取创品牌，积极做项目，不挑项目，不扯皮，服务好，提高每个人的社会竞争意识和工作室的核心竞争意识。此外，我工作室是带研究团队的工作室，我本身每年带十名研究生，研一研二研三合计在读的就有 30 人，研一是在学校学专业课，同时练习徒手工作草图基本功及创作基本方法，研二开始在工作室做方案实习，在实践中教授他们学习和设计的方法。现在建筑设计前期的工作量非常大，而且也谈不上产值。在这种情况下我们往往采用设计院和学校结合的方式，因为前期完全是研究，可以带着主创设计师和研究生按课题做，这样研究也有真实的课题了，同时也学习了设计和创作的课程，特别是学习了设计院的设计方法和模式，也为我们选择人才提供了后备力量。同时不受产值的约束，等项目成熟后所里再派人手跟进。

继徐全胜总经理，刘晓钟总建筑师与屈培青总建筑师发言之后，双方工作室的业务骨干依次发言，方式采用专向问答的形式，即一位专家向对方工作室专业对口的专家提问，回答之后再给对方的一名专家提出下一个问题，如此往复，有理有趣。在座专家对一些问题表达了共同的关切，例如设计团队的梯次培养问题与人才培养的宽度问题等。

屈培青工作室成立至今约有三年，正处于创业阶段，人员少、项目多、任务重，许多时候设计师的能力和体力被运用到了极致，工作强度非常大，加班加点已经成为常态，去年十月底到春节这段时间工作室成员几乎晚上十二点以前没有回过家，好在工作单位与大部分员工的住宅都在一个院子里，甲方什么时候来都是随叫随到，住得远的年轻人都是在附近租房子住。屈总也说要加强管理分工，细化明确各司其职的管理方针，但是设计团队的梯度培养需要时间，团队成员还需要几年才能成长起来。在这种情况下，工作与生活如何兼顾；如何合理调节工作的强度和节奏才有效率；产值与精品的矛盾点在什么地方；工作室是做小做精有利还是做大做强有利。带着这些问题，屈总工作室向刘总工作室提出问题。

刘晓钟工作室的专家首先分享了自身发展阶段的相似经历，在创业的原始积累阶段，情况与屈总工作室现在差不多，一天两顿盒饭，中午一顿，晚上一顿，晚上过十点才走。现在慢慢节奏调整过来，周末加班的情况也少了，工作与生活达到一种比较平衡的状态。怎样看待这个阶段的特点？一是调整心态，二是提高效率。首先要把自己做的事情看成是一种事业，在创业期间紧一点儿，在有所积累之后，可以适当减轻工作量，优化工作的结构。其次是学会高效地工作。工作室有位清华毕业的员工，是利用时间的高手，无论给她多大量的工作都能井井有条地完成，抗压能力很强，工作与生活安排得很好，室里在号召向她学习，分享经验。关于工作效率的提升有专家补充道，随着时代的变化，多元化的项目越来越多，靠单纯的加班已经不能满足工作的需要了。一方面，所里的年轻人按照院里面比较常规的步骤，可以一级一级地往上走，大约六七年一个梯队，另一方面要充分发挥年轻人的主观能动性，年轻人头脑活跃，善于接受新事物和新的设计方法，比方说参数化设计，比方说 BIM 的工具。他们愿意做一些革新，发明使用一些新的软件等。BIM 是一项节省人力的工具，它可以做到非常准确的程度，优化了从建筑到结构整个的流程。

还有专家认为，随着技术的快速发展，建筑师的话语权与日俱下，在产业链上又比较靠后，怎样在提升效率的同时提升质量是建筑设计企业面临的问题。很多优秀企业的飞速发展实际上是通过提供一种超值的服务来完成的。北京院目前提出营销的理念，前期拓展了以后，再探讨如何将产业链做大做全。对工作室这样的中小型设计公司来说，5 年和 10 年是标志性时段，是非常关键的时间点。根据调查的结果，5 年之后，中小企业能生存下来的已经是少数，而 10 年之后，管理方式又会有一个新的提升，与之前大不相同。在刘晓钟工作室发展的过程中，早期依托名人工作室的效应实现立足，后来逐步充实景观和室内的力量，同时工建与研发的能力也在缓缓加强，整体上呈现良好发展的态势。从人的管理来讲，对工作室的每个成员来说，如果他认可这个集体，他的责任心增强以后才会有更大的发展，团队要有这个观念，即大家在一起做事，相互之间要尊重，人无完人，尽量发挥他的优势，年轻人出了错误以后，很少去批评，把问题尽量在工作室、在所里的管理中给消化掉，对外要维护大家，对内则把要解决的问题解决掉，而不是说一棍子打死。这种文化的熏陶带给大家的观念就是尽量放手做，使他从内心感觉整个企业的氛围是关心爱护他的成长的。从项目的管理来讲，每个方案的节点都要把控，在做施工图之前要给年轻人讲清楚一些规定，整个管理会有一张归纳表，梳理出每个时间段要做的内容。现在工作室同时运作六七十个项目，加上所里要配合的项目都得上百，如果是一个做完再做下一个的话效率肯定上不去，所以要实行一种动态的项目管理，严格按照时间表进行。刘总很忙，我们争取在一张表上面反映出所有项目的状态和情况，通过各种符号，通过各种表示，创造性地又一目了然地反映员工在一年或者几年里所做的项目情况，标注出工时和工作量，并建立起评价的体系，反映员工的产值和态度。

刘晓钟工作室的专家反过来询问屈培青工作室的专家，如何处理员工发展过程中遇到的博与专的问题。在工作分配中，专门设计某种类型的项目与综合性的培养哪种更具优势？单独画某个门类的图可能存在的问题，就是过多地重复画图设计师会画伤的；而在一段时间内，如何让设计师的综合能力得到提升、使其对其他门类快速上手也是难题。

屈培青工作室的专家分享说，目前工作室的状况是人少项目多，是以项目为中心的，想按自己的节奏选择设计还比较难，往往敌不过项目的优先顺序。从理论上分析，做教育项目的建筑师，如果做得多了经验也就丰富得多，下一个相同类型的项目来了也就做得更快。但从另一方面讲，有的设计师反馈，如果老让他做同一个类型的事情，他就不愿意做了，

感觉疲劳了。我们曾有一个从上海来的设计师，在上海民用设计院时总是做立面，老做立面最后就和流水线一样，对单位有好处，但对个人来说长久下去没有兴趣了。到西北院来后，他从方案到施工图全程负责一个项目，他就特别有兴趣。做了几个方案觉着疲劳以后，又开始做施工图，这样对个人来讲确实是很大的锻炼。当然这种机会也要看工作室运行的情况，由于工作室施工图的力量还不是很够，有一些主设建筑师骨干，他们也想做一些方案，但由于工作室需要他们一直在做施工图。我们需要不断调整人员构架扭转这种被动局面。

另有屈总工作室的建筑总补充说，每个人肯定有他的长项，就是有的人更想干方案，有的人更想干施工图，工作室会让每个人在他最擅长的地方发展。但是整个来说还是综合发展，因为在起步阶段我们的项目实际上需要每个人都撑起一片天，不管是一大片还是一小片。每年所里也在进行培训，并安排老同志带新同志，会把级别分配得比较均匀一些，高中低层次交叉组合，加强工作上的传帮带。所以从大的方向上来讲还是综合性培养，其实每个建筑师都希望自己是个综合性的人才，他不希望自己出去只会做这个不会做那个，但出于对效率提高的要求，也对每个方案和施工图的差别进行沟通和询问，管理者经常会问设计师对自己的安排或者对自己的发展有没有想法，或者觉得最近的工作方式有没有问题。屈总工作室在人才培养上的优势在于很多工作室成员是屈总从研究生阶段起带出来的，这样他能较快融入团队的节奏和发展。屈总非常在乎每个人的工作态度，他欣赏有责任心的成员，加入进来的新人相对来说都是比较优秀的，大家都非常肯干并且热爱这个行业，屈总这个团队还是非常稳定的。

与会专家还讨论了薪酬体制、标准化设计等管理领域的广泛话题。研讨在将近 4 个半小时的热烈氛围中结束。第二天在北京院建筑师的带领下，西北院的建筑师们参观了中央电视台等北京市著名公建，两天的交流活动圆满结束。

（冯娴根据录音整理）

## 附录

### 专家名单

**中国建筑西北设计研究院参加人员**

**屈培青工作室成员**

1、屈培青　　中国建筑西北设计研究院　院总建筑师
　　　　　　屈培青工作室主任
2、张超文　　屈培青工作室　总建筑师
　　　　　　屈培青工作室　副主任
3、王晓玉　　屈培青工作室　总工程师
4、常小勇　　屈培青工作室　总建筑师
5、贾立荣　　屈培青工作室　总建筑师
6、王世斌　　屈培青工作室　总工程师

**机电六所成员**

7、毕卫华　　机电六所　所长
　　　　　　暖通专业所　总工程师
8、高　莉　　给水专业所　总工程师
9、马庭愉　　暖通专业所　总工程师

10、季兆齐　　电气专业所 总工程师

## 北京市建筑设计研究院有限公司刘晓钟工作室与会人员

1、徐全胜　　北京市建筑设计研究院有限公司 总经理
2、刘晓钟　　北京市建筑设计研究院有限公司 院总建筑师
　　　　　　第六设计所 所长
　　　　　　刘晓钟工作室 室主任
3、王　珂　　第六设计所 副所长
4、吴　静　　第六设计所 副所长
　　　　　　刘晓钟工作室 总建筑师
5、尚曦沐　　刘晓钟工作室 副室主任
　　　　　　刘晓钟工作室 主任建筑师
6、王　鹏　　刘晓钟工作室 副室主任
　　　　　　刘晓钟工作室 主任建筑师
7、徐　浩　　刘晓钟工作室 主任工程师
8、高羚耀　　刘晓钟工作室 副主任工程师
9、郭　辉　　刘晓钟工作室 建筑师

### 第六设计所专业成员

10、张　俏　　教授级高级工程师　六所结构专业室主任
11、李晓志　　教授级高级工程师　六所设备专业室主任
12、黄　涛　　高级工程师　六所设备专业室主任
13、王　辉　　高级工程师　六所电气专业室主任

# 洪涝、干旱、热灾与城市设计无关吗?

石　轩

底特律在美国不是小村落，曾是全美第四大城市，因为它曾是20世纪美国工业时代的缩影，但如今它已成为“逃离最危险的城市”的代名词，当然这是指底特律的经济生存的危机态。已经到来的美国“911”十二周年纪念，让人们思考恐怖袭击等非传统安全的同时，更多地还是要环顾当下的灾变世界。作为全国大气治理计划风向标的北京，近期公布出台了《2013—2017年清洁空气行动计划重点任务分解的通知》，但细观后发现，依赖煤炭的能源消费及重工业扩张，使京津冀地区PM2.5难以有实质性减少，京津冀2020年空气质量达标难。8月某日，为“追赶”现代化的步伐，一列火车高速通过印度比哈尔邦的车站时，撞上一群跨越轨道的朝圣者，事故造成37人遇难（印度每年死于铁路事故的有1.5万人）。9月初世界银行和经合组织发布最新研究报告由气候变化导致的海平面上升使全球沿海城市面临洪水泛滥的危险。报告警示，如果全世界洪灾风险最大的沿海城市不采取必要的应对之策，到2050年洪灾造成的损失总额可高达1万亿美元，值得关注的是，该报告从两方面列举全球十大洪灾受损严重城市。全球洪灾损失最高的城市为：广州、迈阿密、纽约、新奥尔良、孟买、名古屋、坦帕、波士顿、深圳、大阪；发展中国家沿海城市排名为：广州、新奥尔良、瓜亚基尔（厄瓜多尔）、胡志明市、阿比让（科特迪瓦）、湛江、孟买、库尔纳（孟加拉国）、巨港（印尼）、深圳。在2013年夏末、秋初再谈防灾减灾是合适的，因为每每收获，也要收获刚刚过去的教训。马丁·路德金说过“这世界上最大的危险，莫过于真诚的无知和认真的愚蠢。”

今年7月28日是1976年唐山大地震37周年纪念，按照习惯我又打开钱钢著的《唐山大地震》，面对唐山瞬间倒下的警示，在2005年

5月纪念版的21世纪序中，钱钢指出：高歌“让世界充满爱”或者“我们共有一个家”并不难，只有直面人与自然、人与人的生存冲突和数百年冲突留下的深长断裂，“爱”，才可能真实而有分量。他又进一步富有哲理地表述：“我没有看清前面的一切。对无数的悖论，我没有答案。但我相信，答案埋藏在20世纪最惨烈灾害的废墟里面，埋藏在我曾经目睹、曾经记录的历史里面。”然而，今日灾害的事实更是如此，虽然37年间唐山“地灾”平息，但在过去的城市化进程中灾变不止，由于中国减灾的重心近年已凝聚在2008年5.12汶川巨震、2013年雅安地震上，所以一到每年5—8月“逢雨必涝”的状况发生，各城市就格外紧张。据2013年3月中国水利水电科学研究院完成的《城市防洪工作状况、问题及对策》的课题表明，迄今全国共有170座城市还未编制城市防洪规划，全国有340个城市防洪未达标，中国整体的洪灾风险在加剧。

尽管自然世界充满了不确定性的威胁，末世天劫在2012年“721”北京暴雨夺取79条生命算是验证了。防洪减灾有时并非易事，它往往是人意与天意的殊死较量。截止到2013年7月15日，四川“79”特大暴雨洪灾已造成全省58人死亡，175人失踪。仅从7月8日至7月12日，强降雨已经造成四川省公路交通基础设施严重损毁，120条普通国省县道，12座桥梁被冲垮，在受灾严重的都江堰幸福镇，最大的一次降雨有950毫米，达到历史极值，相当于三天下了一年的雨。也许是五年前的“512”汶川巨灾及2013年4月20日的雅安大震，人们格外关注的是在灾后重建地域的综合防御对策，从此角度出发我们就不能只对暴雨说暴雨了，因为它们已是地震极震区；同样，我们更不该只预警地震的有无，因为一旦地震发生，次生灾害会不断，排在首位的一定是洪灾及连锁型的地质灾害链。无论是国内还是国外，完好的灾后重建策略是会赢得未来的，这是因为重建规划必须面向长远，因为重建规划必然要在综合防灾诸方要迎接新挑战。有人说，灾后仅仅是重建，我不赞同这种观点。我认为灾后重建并非孤立行为，它是一个系统工程，2013年的雅安地质灾害在强降雨的影响下已为常年的十倍以上。近闻国家批复了四川“芦山灾后重建规划”，如此快的速度就编制出有质量的灾后重建规划，真令人吃惊！为什么呢？“512”汶川巨灾五周年已过，我们用不足三年的时间及1.76万亿巨资兑现了一个新巴蜀，但五年来不止一次的次生灾害已从正反两方面考量了尚很脆弱的“汶川灾后重建规划”。如果算上 2013 年 7 月以来的强降雨，都汶高速已经是第四次遭泥石流毁灭袭击；7 月上旬的都江堰特大山体滑坡灾害；北川老县城地震遗址全部浸泡在 7 米深的洪水中；汶川县城的全面停水停电。面对眼前铁一般的惨痛的事实，面对汶川，芦山地震的破坏力，面对龙门山断裂带的大震潜在风险，面对随时随地的暴雨洪灾链生的地质灾变，我们为什么就不该大胆质疑五年前曾快速通过的“汶川灾后重建规划”的有效性？有关部门为什么不从防灾减灾的综合能力建设上考量一下它已凸显的漏洞及缺失呢？我以为，这次四川暴雨之灾让我们首先发问的不该是为什么这里又遭遇了五十年一遇的暴雨，而是要反思在灾后重建规划中为什么少了综合防洪防地质灾害的内容。当年汶川巨灾后，堰塞湖形势多么严峻，我们克服了，但如今“地灾”平息，我们为什么竟难抵暴雨袭击呢？虽然对四川大多“512”极震区暴雨是主灾，面对比汶川还险要的雅安山地，我们能否以更科学、更客观的态度，在充分做出芦山灾后风险的综合分析后，再来编制灾后重建规划。要以对灾民、对灾区、对国家高度负责的态度，杜绝这种有“跃进”味道的灾后重建规划。
2013 年 4 月 1 日，中国政府网发布了国务院办公厅通知，要求做好城市排水防涝设施建设工作，力争用 5 年时间完成排水管网的雨污分流改造，用 10 年左右的时间，建成较为完善的城市排水防涝工程体系。通知中首次明确列出了城市排水防涝设施建设时间表，为此各地已尽快对当地地表径流、排水设施、受纳水体等情况全面普查，建立管网等排水设施地理信息系统。从大思路上，它也再次明晰：根治城市内涝既要排水也要蓄水，提高城市的防涝能力，重在增加城市的透水性能。据 2013 年 7 月 15 日国家防总第二次会议分析，2013 年全国汛情有四大特点。① 降雨过程多，暴雨强度大。全国平均累计降雨量较常年同期偏大，如四川比常年高出一倍。② 超警戒河流多，洪水量级高，尽管十大江河水势平稳，但中小河流超警值得注意。③ 台风生成早、数量多、登陆强度大，自 1 月 3 日第一个热带风暴至今已有 7 个热带气旋、其中有 3 个登陆我国，其中第七号超强台风“苏力”造成的损失较大，如台湾遭“重创”，台北 101 大楼在风中“摇晃”幅度达 70 厘米，全台已死伤 130 人。④ 受灾范围广、局部灾情重，广东、湖南、湖北、广西、福建、陕西、四川等地受灾严重，特别是四川省 7 月 7 日以来的暴雨洪水、泥石流损失惨重。
城市的“城市热岛效应”将进一步加重，从而会进一步加重城市高温、超负荷用电等，城市缺水、工业缺水、电网事故等灾害是未来20年十分突出的社会问题。城市地面径流加大，暴雨洪涝加重，城市高层建筑和热岛效应对气流的强迫抬升作用，将加剧城市暴雨、强雷雨和雷击等灾害性天气的突发频次。同时，城市不透水地面的增加，阻碍了雨水地表渗透，加大了地面径流，改变了水循环的自然过程，从而易出现城市内涝、交通堵塞等。对于城市，如果交通瘫痪、通信网络或电网被严重破坏，就会使城市陷入混乱，后果十分严重。由于城市建筑的"狭管效应"，大风灾害增多。由于城市的某些地区高层建筑物的布局不尽合理，空气流动产生的"狭管效应"会加重城市某些地区的大风灾害，造成吹毁设施、火灾增多、人员伤亡、污染空气等。城市"浑浊"岛，空气污染严重。城市生态环境如果得不到改善，城市的特殊小气候将进一步增强冬半年城市上空的逆温层，使城市排放出的污染气体不能向外扩散，空气十分浑浊，严重影响城市的空气质量。城市交通设施建设的布局和结构会放大和衍生新的灾害。城市立交桥的特殊结构在遇到较大降水时的路面积水，或遇到降雪时会导致交通事故、交通堵塞、甚至交通瘫痪，影响人们的正常生活。

由上述城市内涝，我们想到的更多应是内涝之困、管理之忧及发展之痛。尽管9月1日从黑龙江防汛抗旱指挥部获悉，黑龙江嫩江干流水位回落至警戒水位之下，但受洪水浸泡影响，相当江段堤坝仍有险情。此外，就在8月30日，一条生命又驾车溺亡在深圳暴雨的涵洞中，这种死亡已是广东省今年的第*N*例。我们在反思，城市病了，它恰如一个人的免疫力在下降，身体机能紊乱，由于对城市生态元素毫无节制的掠夺式侵占，在失衡中已让城市丧失了正常运行的机能。城市设计的短视，不可持续的善变及不切实际成为病痛之诱因。2013年伴随洪灾的是旱灾与"城市热射病"，尽管央视新闻报道的欧洲因热致死病例并非准确，但至少说明，2013年凸显的"城市热"已成新灾。面对上海、杭州、长沙、武汉等地一再刷新"热"灾记录，我们不能不看到，长期以来人们虽为"城市热岛"不停地审视，但很少考虑一个城市的降温设计。绿地、树荫、河流、湖泊等本应是一座城市的"留白"，为城市保留降温的生态空间，然而三十多年的"造城"大跃进，很多城市"留白"已成故纸堆上的记忆，所以河道被吞噬，绿化成误区，人为的城市热岛加重了城市降温设计的困境。此外，不少城市管理者缺乏的自知之明最常见的表现是自作聪明，这种愚蠢不仅因为对专业知识的缺乏及综合能力低下，还有缺少自我反思的自觉，他们的过失也不仅仅在于某个设计或管理行为失当，更在于自以为是。如被发达国家视为城市最大病因的超高层建筑，中国大行其道，殊不知正是摩天楼是城市小气候“恶化”的推手，如已发生层出不穷的与城市天际线相关的问题：热岛效应、高楼峡谷风、采光不足、光污染、摩天楼“阴影”等在加剧城市环境的恶化。更有甚者，陕西西安正启动总规模达 78.5 平方公里的新区建设，“上山建城”系国内首个在湿陷性黄土地区进行的大规模岩土工程项目，人们不该忘记：2013 年 7 月延安遭遇历史上强暴雨并引发地质灾害，已造成大量人员伤亡及损失，人们对延安在地质条件欠佳的土壤上建“新城”之安全性担忧的同时，也应质疑延安何以靠“劈山建城”迎来“美丽中国”的神话？为此，围绕城市防汛的综合安全设计思考如下。

1. 从观念上跳出防洪看综合减“水”灾

2013 年截至 7 月 18 日，全国 30 个省因洪灾死亡 337 人，失踪 213 人，其中六成系被滑坡泥石流所掩埋。可见，科学认识水灾及其衍生灾害，极其必要。要说明的是，由于中国内涝防御工程体系欠缺，由于城市化发展过快，尽管全国大中城市已按 1998 年的《防洪法》编制防洪规划，现在排水防涝体系仍未走出“看天”建设的怪圈。在不少城市，不是第二年排水防涝工作有了进步，而是暴雨未降临重点隐患地，只能是侥幸地“逃过一劫”。当前，真正要下功夫的是，扎实推进城市综合防御“水”灾害建设。

2. 真正绘就可靠的城市地下管网图

占到全国 70% 以上省份的暴雨，再次形成了城区可“看海”、街道可“捕鱼”、地铁中观“瀑布”的尴尬景观，反映出规划设计滞后、建设管理无序的情况。平日光鲜亮丽的都市，在暴雨到来时原形毕露，成为一个个内涝重灾区。它要求至少地下管线如何排列等细节问题要在观念统一后实时系统规划；这些问题得到解决，城市防洪建设就有了安全可靠的“蓝图”，城市安全发展就不会再有遗憾。

3. 为中国城镇化安全保驾护航

2013 年武汉内涝、昆明被淹、广州看江、北京 7 月 8 日暴雨致 16 条道路断交、江苏连云港暴雨已有市民在马路上张网捕鱼……对于暴雨过后的座座“水城”现象，人们思考更多的是怎样的城市或城镇才能走出灾害的困扰。2013年中国科协收到名为《中小城镇气象致灾问题亟待关注》的调研报告，其揭示的问题对中国热议的城镇化极有警示作用：要加强水灾害的基础性研究并保证研究的连续性；灾害研究不仅要交叉跨域，更要有前瞻性，这就是要提升暴雨及地质灾害预报的准确率，只有做到这一点、代表中国绝大多数的基层乡镇才有安全可言。

4. 生态修复乃城市防洪涝新思

城市洪涝之灾给我们留下太多思考，一方面事故灾害的红线是不可逾越的雷池，要有最严格的制度及最严密的法治，但城市的生态安全有空间特殊要求，也有文化和规则铸就的细节要点，其中生态修复是城市防洪涝的新思路。从生态系统的视角看，改善城市地标基础设施对提高城市生态品质具有重要作用。所以，对城市进行生态修复，就要秉承环境为体、经济为用、生态为纲、文化为常，靠城市的净化、绿化、活化及孵化，来实现根本的防洪减灾治理。

（北京减灾协会常务副会长）

# 建筑评论的文化省思

金　磊

9月虽是收获的季节，但有两事令人心碎：一是梁思成建筑奖被取消了；二是著名经济学家于光远辞世了。

《中国艺术报》2013年8月末载文："一部人类历史，可划两卷灿烂典册，即文明史与文化史。文明史可感可触，呈物质静态，文化史内涵无形无色，属精神活态，文化是文明成果中的声息萦回……"，我颇同意此见解。现实中，人，必须文化地活着，人活就活出个文化来。为此，人有三重生命，即灵与肉以及文化生命，坐卧行走的躯体的物理生命，灵魂的精神生命（含意志和思维），能动的可将生命升华到自觉界面的文化生命。人如此，作为人类意识载体的建筑评论刊物更该如此。何为《建筑评论》瞩目的文化，这几乎是所有人都明白的话题，针对建筑界、设计艺术界，这个媒体话题就不那么简单，至少它要从"一言堂"变成现今的"众声喧哗"，要思考创新转型、权威信息发布、媒体底线守护（不失真、不失语、不失品、不失位等）、媒体要提供信息更须提供思想等。不如此，评论之思就会乱，正如台湾学者王汎森所说，如今"自然界"与"历史界"变得疆界难辨，真不知今日什么可以称作历史。媒体人之所以要做文化时代的建设者，不单是要守住求实的底线，更要警惕文化莫陷技术崇拜的陷阱。《建筑评论》是探路者，在求笔调尽量超凡脱俗时，也盼界内外大家的扶植与宽容。而我们绝不止步于记录时代，更不做旁观者，始终瞩目并评述当代文化失范现象。

前不久，国家自然科学基金公开通报一批科研不端典型案例，以"自揭家丑"的方式，彰显了维护科研诚信的决心和魄力。学术不端是对知识产权的严重侵害，是学术研究繁荣发展的瘟症，事实上它不仅表现在科研领域，也日益严重地渗透到建筑设计界内。全国上下那么多"千篇一律"的作品，何尝不是"天下建筑一大抄"的恶果呢？不但中国人抄外国人的，也有外国人模仿中国人的作品。日前，济南旧城开发投资集团公布，将投资 15 亿元修建济南火车站北广场，其中包括复建 21 年前拆除的济南老火车站。对此，有专家斥责建假古董行为“一蠢再蠢”，但也有人认为有错必纠，失去的记忆要勇于找回来。济南老火车站，是指津浦铁路济南站，建于 1908 年，1912 年正式投入使用，它由德国建筑师赫尔曼·菲舍尔设计，是极为典型的日耳曼风格建筑，1992 年惨遭殖民主义“叫嚣者”的推土机毁灭。尽管如今有太多的复建派说它是济南市民心中的城市文化符号，但必须追问为什么在当年已有《文物保护法》的前提下它仍可被拆？今天匆忙复建，不该再铸成“新败笔”！本刊自 2013 年 2 月便结合张家港凤凰镇的文化考察开始了典型探索，其目标不仅仅在于通过全国十四个凤凰镇，发现中国城镇化的文化建设走向，更在于提升我国城镇化的质量及内涵，探求至今日益明晰城镇化发展要力避三大误区，“贪大”的失误，“求洋”的失误，“追新”的失误。据摩天城市网发布的《2012 摩天城市报告》的危险信息，2012 年中国集中了全球在建摩天大楼的 53%，其中共有 10 座城市欲建设总高超过美国第一高楼——541.3 米的纽约新世贸中心的摩天大楼。在城市追求“肤浅”的现代化的同时，复制假古城现象日盛，如缺水的西安要造“八水绕长安”，湖南再造“凤凰古城”，河南开封重塑“北宋汴京”等。对此，诺贝尔奖获得者詹姆斯·克里斯说“城市的成功不在于它的规模大小，而在于它的文化内涵”。因此，中国城镇化的希望在文化认同及文化自觉，在于方向不遗失，在于“群众利益最大化、政府利益最小化、资本利益合理化”，从而实现城镇化发展的共熔、共融和共荣。

2013 年 9 月 26 日，本人率编辑团队拜访邹德侬教授，他对建筑评论表达了两个观点，即学者不论在任何境况下也要坚持操守；当下的自由是已足够展开建筑评论的。《建筑评论》并非一字千钧这般沉重，但我们却是反对轻率评论及以假设方式评论的逻辑。如果说，评论太油滑是一种行业思维放纵，评论的言而无据，更是对建筑、城市与人的无形中伤。我以为，《建筑评论》并非可全部看清世界风光，也难理清中国建筑风景，但我们能感受文化的深意，可以靠全国建筑、文博、设计界同道的援手合力与时代“较量”，更靠《建筑评论》这盏“明灯”，驱散浮躁学风、文风的雾霾。

2013 年 9 月

（《建筑评论》主编）